高等学校计算机程序设计课程系列教材

Visual Basic 程序设计及应用实验教程

杨红卫　主编

陈明锐　毛锣　李红蕾　吴星　编

高等教育出版社

内容提要

本书是《Visual Basic 程序设计及应用教程》的配套教材，内容包括实验篇、课程设计篇和训练篇三大部分。实验篇根据教学内容与进度安排了10个实验，为必做且要求掌握的内容，旨在培养学生的基本操作能力；课程设计篇提出了课程设计总体要求并给出1个课程设计报告案例，旨在培养学生综合运用知识和创新能力；训练篇安排了2套训练题，为学生提供了应试的训练。

本书简明扼要，以应用为主线，可操作性强，适合学生自主训练和自我测试时使用。

图书在版编目（CIP）数据

Visual Basic 程序设计及应用实验教程 / 杨红卫主编. —北京：高等教育出版社，2009.2（2016.1 重印）
ISBN 978-7-04-026387-9

Ⅰ. V… Ⅱ. 杨… Ⅲ. BASIC 语言 - 程序设计 - 教材 Ⅳ. TP312

中国版本图书馆 CIP 数据核字（2008）第 207782 号

策划编辑 刘 茜　责任编辑 萧 潇　封面设计 于文燕　责任绘图 吴文信
版式设计 陆瑞红　责任校对 俞声佳　责任印制 朱学忠

出版发行 高等教育出版社
社　　址 北京市西城区德外大街 4 号
邮政编码 100120
印　　刷 北京鑫海金澳胶印有限公司
开　　本 787×1092 1/16
印　　张 6.25
字　　数 140 000
购书热线 010-58581118
咨询电话 400-810-0598
网　　址 http://www.hep.edu.cn
　　　　 http://www.hep.com.cn
网上订购 http://www.landraco.com
　　　　 http://www.landraco.com.cn
版　　次 2009 年 2 月第 1 版
印　　次 2016 年 1 月第 5 次印刷
定　　价 8.80 元

物 料 号 26387-00

前　言

本书是《Visual Basic 程序设计及应用教程》的配套教材。编写本书的主要目的是便于教师教学和学生上机实践操作使用。全书分为三大部分：实验篇——基本操作能力训练；课程设计篇——综合能力训练与创新；训练篇——自测自查。实验篇以让学生循序渐进掌握课堂教学内容为目的进行设计，依照教学进度共安排 10 个实验，每个实验包括适量的练习题目，对题目考查的知识重点和难点给予适当的提示，实验题目具有典型性、创新性、趣味性和实践性。课程设计篇旨在培养和提高学生综合分析设计问题的能力、自主解决问题的能力和创新能力，首先概述了课程设计的目的和意义，然后提出课程设计要求并提供几个简单选题题目以供参考，最后以一个综合性课程设计完成的思路为例阐述了课程设计的全过程，实践证明通过课程设计可以增强学生的成就感与自豪感。训练篇提供了 2 套训练题以供学生练习，训练题目模仿国家计算机等级考试二级试题和海南省计算机等级考试二级试题的类型和模式，旨在提高学生全面能力，适于学生对自己掌握知识情况的自查。

本书紧扣非计算机专业“高级语言程序设计（Visual Basic）”课程的教学大纲要求，配合《Visual Basic 程序设计及应用教程》，以对所学知识的应用实践为主线，全面提高学生计算机应用能力和水平为宗旨，集系统性、知识性、创新性、实践性和趣味性于一体。全书适合教师对学生进行实验训练、考查学生对知识点的掌握情况以及学生自主训练时使用。在教学过程中，可根据实际情况适当调整实验数量与内容。

本书由杨红卫主编，参加编写的还有陈明锐、毛锣、李红蕾、吴星。

由于作者水平有限，加之计算机技术发展日新月异，书中难免存在缺点和不足之处，敬请广大读者批评指正，以便我们继续改进工作，在此深表感谢。我们的电子邮件地址：vbbianshu@126.com。

编　者

2008 年 10 月

目　录

第一篇 实验篇

实验一　熟悉 VB 开发环境

一、实验目的

1. 了解安装 VB 系统对计算机软硬件的基本要求。
2. 熟悉 VB 软件的安装与卸载。
3. 掌握 VB 的启动与退出。
4. 掌握 VB 集成开发环境。
5. 掌握 VB 帮助系统的使用。

二、实验内容

（本书选用 VB 6.0 作为实验平台。）

实验 1.1　参考《Visual Basic 程序设计及应用教程》（以下简称主教材）1.1.3 节内容，阐述 VB 6.0 软件系统对计算机软件和硬件的要求。

实验 1.2　参考主教材 1.1.4 节内容，阐述 VB 6.0 软件的安装步骤。

实验 1.3　参考主教材 1.1.5 节内容，用 3 种方法启动 VB 6.0。打开 VB 6.0 并描述窗口中的标题栏、菜单栏、工具栏、窗体窗口、工具箱、工程资源管理器窗口、代码窗口、“窗体布局”窗口、“立即”窗口和“属性”窗口。

【注意】

各种操作窗口的显示和隐藏是通过“视图”菜单下的相应子菜单来控制的。

实验 1.4　参考主教材 1.3 节内容，使用 MSDN 帮助系统，查找“工具箱”的相关内容。

【提示】

MSDN 的打开方式为：打开“帮助”菜单（或者按 F1 键），选择“内容”、“索引”、“搜索”或“技术支持”命令。例如执行“帮助”→“内容”菜单命令，打开“MSDN Library Visual Studio 6.0”窗口，选择“索引”选项卡，在“键入要查找的关键字”下的文本框内输入“工具箱”，如图 1.1 所示。在文本框下的列表框中单击“标准控件”，右边窗格中显示与“工具箱”、“标准控件”相关的帮助内容，如图 1.2 所示。

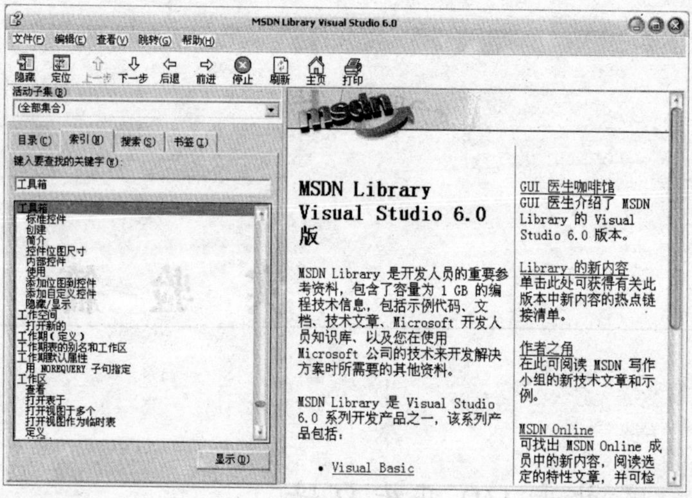

图 1.1 MSDN 帮助窗口

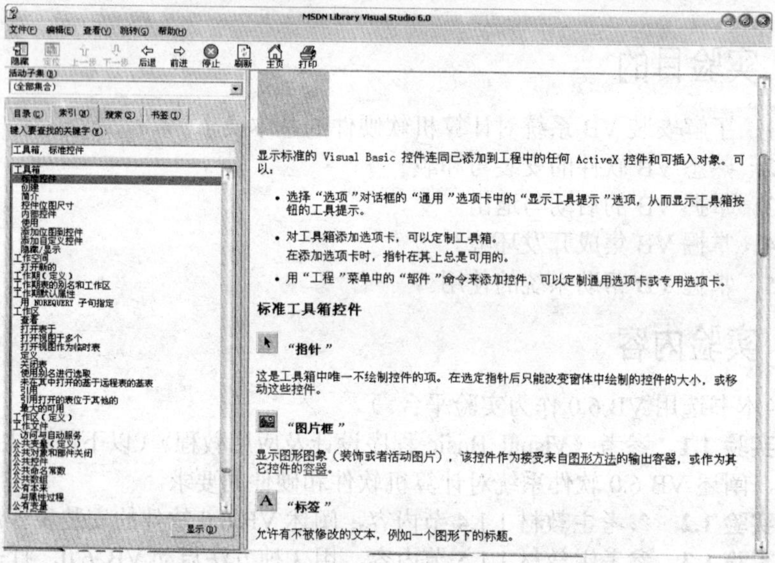

图 1.2 输入查找内容后的 MSDN 帮助窗口

【注意】

本机上必须安装了 MSDN 才可以使用帮助系统。初学者应该熟练掌握 MSDN 的用法，它是自学答疑的最好老师。

实验二 VB 程序设计初步

一、实验目的

1. 掌握建立、编辑和运行一个 VB 应用程序的全过程。

2．掌握窗体、文本框、标签和命令按钮控件的基本属性及其设置。

3．掌握窗体、文本框、标签和命令按钮的应用（掌握各个控件的常用事件和方法）。

二、实验内容

实验 2.1 启动 VB 6.0，新建一个“标准 EXE”类型的应用程序。界面如图 2.1 所示。

图 2.1 实验 2.1 运行界面

【要求】以“*vbs2-1.frm”和“*vbs2-1.vbp”为文件名保存在指定的硬盘目录下（其中“*”号表示实验完成者的学号）。

【提示】

（1）分析所需控件并设置其属性：从图 2.1 可以看出，程序中用到 1 个标签和 1 个文本框，其中：标签的 Caption 属性值为“海南欢迎您！Welcome to HaiNan”，文本框用于用户输入“有朋自远方来 不亦乐乎”。

（2）实验者可以根据自己的喜好，在标签和文本框的“属性”窗口中选择 Font 和 ForeColor 属性来设置字号大小、字体及其颜色。

【注意】

本题中 VB 文件的保存只包括保存一个工程文件（*.vbp）一个和窗体文件（*.frm），详细的保存步骤及其注意事项见主教材 2.4.2 和 2.4.3 节。牢记这两个文件的保存位置，以免下次使用时找不到。

实验 2.2 实现简单的时间校验程序。程序运行初始界面如图 2.2 所示。

图 2.2 实验 2.2 初始运行界面

图 2.3 输入正常时间的界面

【要求】

（1）程序运行时焦点落在“时”标签左边的文本框中。当正常输入“时”和“分”且该时间为有效时间（即在出发时间和截止时间之间）时，单击窗体将出现如图 2.3 所示的运行界面。如出发时间和截止时间之间间隔过长则出现如图 2.4 所示的界面，输入不符合 24 小时制的时间将出现如图 2.5 所示的界面。

图 2.4 输入超时运行界面

图 2.5 未输入正确的 24 小时制的运行界面

（2）完成后以“*vbs2-2.frm”和“*vbs2-2.vbp”为文件名保存在指定的硬盘目录下（其中“*”号表示实验完成者的学号）。

【提示】

本题学习目的：

（1）掌握建立一个简单 VB 程序的 6 大基本步骤，详细步骤及其说明见表 2.1。

表 2.1 建立 VB 程序的步骤及其说明

详细步骤	说明
① 启动 VB，建立新工程	若之前有打开的 VB 工程，需要先对其进行保存
② 建立用户界面及对象	根据图 2.2，标签 12 个，文本框 7 个
③ 设置对象的属性	Name、Caption、Text 等
④ 对象事件过程的编程	本题只要求单击窗体时，将校验输入时间的结果显示在“显示校验结果”文本框内
⑤ 保存文件	将.frm 和.vbp 文件保存到相应位置
⑥ 程序的运行(或调试)	在“运行”模式下观察程序执行结果

（2）掌握标签和文本框控件的基本属性设置，详细步骤及其说明见表 2.2。

表 2.2 实验 2.2 的属性设置

控件	Name	Text	Locked	MaxLength	Caption	其他属性
标签	Label1	–	–	–	首届中国铁人赛 2008 Iron Man China (2008.4.20 中国海口)	Aligment=2-Center
	Label1	–	–	–	显示校验结果	无

续表

控件	Name	Text	Locked	MaxLength	Caption	其他属性
文本框	txtstarth	07	true	空白	–	无
	txtstartm	00	true	空白	–	无
	TxtSwimh	空白	false	2	–	无
	TxSwimm	空白	false	2	–	无
	txtSwimstoph	09	true	空白	–	无
	txtSwimstopm	30	true	空白	–	无
	txtjy	空白	false	空白	–	Multiline=true Scrollbars=2

参考代码如下：

```
Dim h, h1, m, m1, ts, ts1, ts2                '先声明 7 个变量以便判断条件
Private Sub Form_Load()                       '窗体装载事件
    txtSwimh = "": txtSwimm = "": txtjy = ""  '游泳赛程的“时”、“分”和“显示校验结果”文本
                                              '框置零
    h = txtstarth: m = txtstartm              '整个赛程的出发“时”和“分”赋值给变量 h 和 m
    ts = h + ":" + m                          '整个赛程的出发时间赋值给变量 ts
    ts2 = txtSwimstoph + ":" + txtSwimstopm   '游泳赛程的截止时间赋值给变量 ts2
End Sub
Private Sub Form_Click()
  h1 = txtSwimh.Text: m1 = txtSwimm.Text      '游泳赛程的出发“时”和“分”赋值给变量 h1
                                              '和 m1
  ts1 = h1 + ":" + m1                         '游泳赛程的当前时间赋值给变量 ts1
  If h1 <> "" And m1 <> "" And Len(h1) = 2 And Len(m1) = 2 And (Val(h1) < 24 And Val(h1) >= 0) _
 And (Val(m1) <= 59 And Val(m1) >= 0) Then    '时间输入非空、长度必须为 2、“时”和“分”必
                                              '须符合要求
    If ts1 >= ts And ts1 <= ts2 Then          '在规定时间内完成游泳才有效且 txjy 文本框出现
                                              '相应提示
        txtjy = "恭喜！恭喜！在赛程规定的游泳项目时间内"
    Else                                      '超时后 txjy 文本框出现相应提示，时间清空且焦点
                                              '返回
        txtjy = "已经超出赛程规定的游泳项目时间，请重新输入时间"
        txtSwimh.Text = ""
        txtSwimm.Text = ""
        txtSwimh.SetFocus
    End If
  Else                                        '输入不符合 24 小时制的时间后 txjy 文本框出现相应提示，时间清空且焦
                                              '点返回
    txtjy = "请先按 24 小时制输入游泳项目的当前时间，格式如 08:30"
    txtSwimh.Text = ""
    txtSwimm.Text = ""
```

```
        txtSwimh.SetFocus
    End If
    End Sub
```

【注意】

在编写 VB 程序时，除中文汉字和特定符号必须在中文状态下输入外，其他程序代码必须在英文半角状态下输入。使用者要注意一些符号的区别，如双引号（“”和""）、冒号（：与:）、下划线（_）和中划线（-）等。

实验 2.3 掌握 Print 和 Cls 方法的语法格式，并正确掌握和使用 Print 方法中 Tab()函数、Spc()函数、“,” 和 “;” 的用法。编写程序实现如图 2.6 所示的效果。

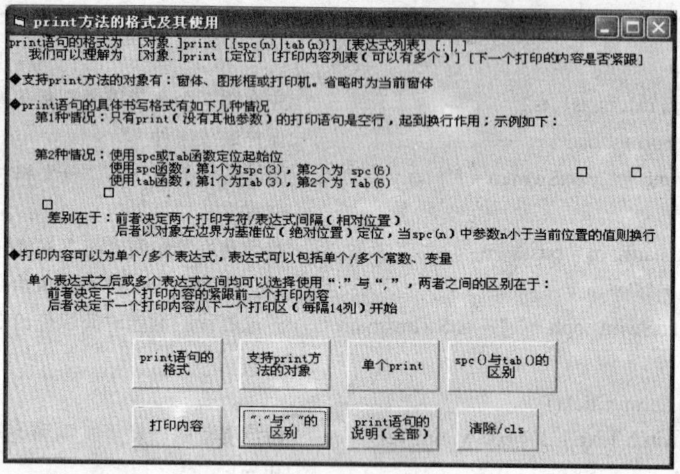

图 2.6 print 方法的格式及其使用

【要求】

（1）当分别单击“print 语句的格式”、“支持 print 方法的对象”、“单个 print”、“spc()与 tab()的区别”、“打印内容”、“";"与","的区别”这 6 个按钮时，窗体依次出现相应文字说明。

（2）要求窗体不可改变大小。

（3）当单击“print 语句的说明（全部）”按钮时，出现之前单击 6 个按钮时所出现所有的文字说明。

（4）单击“清除/cls”按钮时，将会清除之前使用 Print 方法在窗体上显示的所有内容。

【提示】

参考代码如下：

```
Private Sub command1_click()
 Print "print 语句的格式为   [对象.]print [{spc(n)|tab(n)}] [表达式列表] [;|,]"
 Print "    我们可以理解为   [对象.]print [定位] [打印内容列表（可以有多个）] [下一个打印的内容
        是否紧跟]"
 Print
End Sub
Private Sub Command2_Click()
```

```
  Print "◆支持 print 方法的对象有：窗体、图形框或打印机。省略时为当前窗体 "
  Print
End Sub
Private Sub Command3_Click()
  Print "◆print 语句的具体书写格式有如下几种情况"
  Print "    第 1 种情况："; "只有 print（没有其他参数）的打印语句是空行，起到换行作用；示例
  如下："
  Print
  Print
End Sub
Private Sub Command4_Click()
  Print "    第 2 种情况："; "使用 spc 或 Tab 函数定位起始位"
  Print "             使用 spc 函数，第 1 个为 spc(3)，第 2 个为 spc(6)", Spc(3), "□"; Spc(6); "□"
  Print "             使用 tab 函数，第 1 个为 Tab(3)，第 2 个为 Tab(6)", Tab(3), "□"; Tab(6); "□"
  Print "      差别在于：前者决定两个打印字符/表达式间隔（相对位置）"
  Print "             后者以对象左边界为基准位（绝对位置）定位，当 spc(n)中参数 n 小于当前
              位置的值则换行"
  Print
End Sub
Private Sub Command5_Click()
  Print "◆打印内容可以为单个/多个表达式，表达式可以包括单个/多个常数、变量"
  Print
End Sub
Private Sub Command6_Click()
  Print "    单个表达式之后或多个表达式之间均可以选择使用“;”与“,”，两者之间的区别在于："
  Print "      前者决定下一个打印内容的紧跟前一个打印内容"
  Print "      后者决定下一个打印内容从下一个打印区（每隔 14 列）开始"
  Print
End Sub
Private Sub Command7_Click()
  Cls                                        '清屏
  Call command1_click                        '调用 command1 的 click 事件过程
  Call Command2_Click                        '调用 command2 的 click 事件过程
  Call Command3_Click                        '调用 command3 的 click 事件过程
  Call Command4_Click                        '调用 command4 的 click 事件过程
  Call Command5_Click                        '调用 command5 的 click 事件过程
  Call Command6_Click                        '调用 command6 的 click 事件过程
End Sub
Private Sub Command8_Click()
  Cls
End Sub
```

【注意】

（1）注意 Print 方法和 Cls 方法的语法格式，当省略对象名时对象为当前窗体。

（2）在 Form_Load 事件过程中窗体使用 Print 方法时需要设置“窗体名.AutoRedraw =true”。

（3）Cls 方法仅清除运行时对象显示的文本或图形，不清除窗体在设计时的文本或图形；CurrentX 和 CurrentY 的初始属性值为 0。

实验 2.4 在窗体上装载背景图片，制作并移动具有浮雕效果的文字（或者移动图片）。初始运行界面如图 2.7 所示。

图 2.7　实验 2.4 的运行界面

【要求】

（1）在窗体上显示背景图片（可以选择任意图片）。

（2）窗体上以浮雕效果显示字符串“自‘移’自乐”。

（3）当每次单击左指向和右指向命令按钮（以图标形式显示）时，字符串对应向左或向右移动 100 个 twip 单位。

（4）选做 1：连续移动。两个标签从原位置左移或右移，当超出窗口的左边界或右边界时，仍然继续以原有的移动规律（方向和大小）移动。

（5）选做 2：移动方向改成上下移动；当然，左指向和右指向命令按钮要改成上下指向图标，如图 2.8 所示。

（6）选做 3：将移动对象改成图片，将自己喜欢的图片制作成具有简单移动效果的小动画。如图 2.9 所示。

【提示】

本题学习目的：掌握在控件上装载图片（窗体装载图片、按钮上显示图标和图像框上装载图片文件）、实现标签浮雕效果和改变控件位置属性的方法。

（1）命令按钮上显示的背景图片（即左指向和右指向图标 Point02.ico 和 Point04.ico）一般保存在 C:\Program Files\Microsoft Visual Studio\Common\Graphics\Icons\Arrows\目录下。实验者可以选择类型为.ico 或.bmp 等的任意图片作为命令按钮的背景图片。

图 2.8 按钮图标为上下指向

图 2.9 移动对象改成图片

（2）在窗体背景上装载图片一般有两种方法：一是在“属性”窗口中对窗体的 Picture 属性进行设置（选择所需图片的位置并选择该图片文件即可）；二是在代码窗口中对窗体的 Picture 属性使用赋值语句赋值，其格式为：

控件名 Picture=LoadPicture("绝对路径*.jpg")

或

控件名 Picture=LoadPicture(app.path+"*.jpg")

（3）浮雕效果是通过两个标签的错位及色差来实现的，具体属性设置可参考主教材的例 2.6。

（4）标签等控件的移动可以利用 Move 方法，如 Label1 的向左移动语句为：“Label1.Move Label1-100”。注意移动时要让两个标签同步进行，这样才能确保浮雕效果不变。当然也可以使用设置属性的方法来实现控件的移动，比如对 Label1 的 Left 属性进行赋值操作即可移动该对象：“Label1.Left=Label1.Left+100”。其余部分详见主教材的例 2.5 的说明。

（5）选做 1：要实现连续移动，就需要改动部分代码，此处以 Label1 向左移动为例。

```
Private Sub Command1_Click()
  If (Label1.Left+Label1.Width )< 0 Then        '当 Label1 左移使得整个标签超过窗体左边界时
    Label1.Left = Form1.Width                   '将 Label1 定位到窗体的最右边
  Else                                          '当 Label1 左移未超出窗体左边界时
    Label1.Move Label1.Left – 100               'Label1 每次左移 100 个单位
  End If
End Sub
```

（6）选做 2：代码部分只需要把移动对象的 Left 和 Width 属性改成 Top 和 Height 即可。其中命令按钮 Picture 属性所用到的图标 Point05.ico（上指向）和 Point03.ico（下指向）文件存放在 C:\ProgramFiles\Microsoft Visual Studio\Common\Graphics\Icons\Arrows\目录下（与左、右指向图标 Point 02.ico 和 Point04.ico 文件位置相同）。

（7）选做 3：若将移动的标签改为图片，需增加一个图片控件 Picture 或 Image（因为直接装载在窗体上的图片无法达到移动的效果，图片控件的添加参考主教材的例 2.5），在代码部分只需要将移动对象 Label1 改成装载的图片名称即可。如要制作自动移动的动画效果，需增加一个时钟控件，具体参见实验 6.4。

【注意】

（1）Style 属性值设置为 1 后，才能使得在 Picture 属性中选择的图片可见。

（2）对象的位置用 Left 和 Top 属性来设置，没有 Right 和 Bottom 属性。

（3）图形对象的装载路径可以用"绝对路径"或"App.path+相对路径"来实现。要熟练掌握使用这两种路径的基本条件。

实验 2.5 文本框、标签、按钮综合应用实例。

【要求】

完成主教材例 2.10，运行初始界面如图 2.10 所示（标注部分为控件名）。

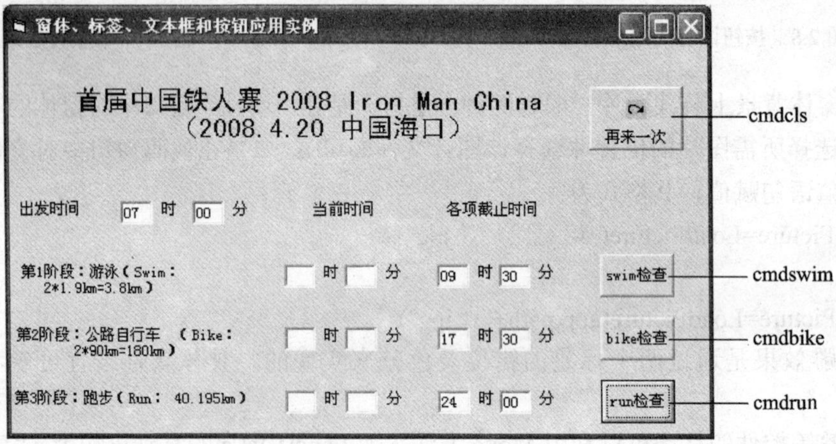

图 2.10 实验 2.5 的运行界面

根据 2008 年 4 月 20 日在海南海口举行的首届中国铁人赛（2008 Iron Man China）的赛程规定，该赛事包括按顺序举行的游泳（2 圈×1.9 km/圈=3.8 km）、公路自行车（2 圈×90 km/圈=180 km）和跑步（40.195 km）3 个赛程。其中，规定了比赛的开始时间为 7:00，并且这 3 项赛程各自的截止时间为 09:30、17:30 和 24:00，若比赛选手有一项超时则整个比赛结束，即选手的成绩无效，自动退出铁人赛。

（1）根据主教材例 2.10 中的分析，完成如图 2.10 所示的程序初始运行界面的控件（21 个标签、14 个文本框和 4 个命令按钮）的建立，并根据表 2. 3 完成对应控件的属性设置。

表 2.3 实验 2.5 的属性设置

控件	Name	Text	Locked	Max Length	Caption	其他属性
标签	Label1	–	–	–	首届中国铁人赛 2008 Iron Man China (2008.4.20 中国海口)	Aligment=2-Center

续表

控件	Name	Text	Locked	Max Length	Caption	其他属性
文本框	txtStarth	07	true	空白	–	–
	txtStartm	00	true	空白	–	–
	txtSwimh	空白	false	2	–	–
	txtSwimm	空白	false	2	–	–
	txtBikeh	空白	false	2	–	–
	txtBikem	空白	false	2	–	–
	txtRunh	空白	false	2	–	–
	txtRunm	空白	false	2	–	–
	txtSwimstoph	09	true	空白	–	–
	txtSwimstopm	30	true	空白	–	–
	txtBikestoph	17	true	空白	–	–
	txtBikestopm	30	true	空白	–	–
	txtRunstoph	24	true	空白	–	–
	txtRunstopm	00	true	空白	–	–
按钮	cmdSwim	–	–	–	swim 检查	–
	cmdBike	–	–	–	bike 检查	–
	cmdRun	–	–	–	run 检查	–
	cmdCls	–	–	–	再来一次	ToolTipText="重新输入时间"; Style=1; Picture="铁人三项.jpg"

（2）在小时和分钟所对应文本框中输入时间，必须同时满足 4 个条件：非空、长度必须为 2 位、小时数在 00~24 之间、分钟数在 00~60 之间；否则将会出现类似于如图 2.11 所示的“时间输入错误”提示框。

（3）若比赛选手有一项超时则整个比赛结束，即选手的成绩无效，自动退出铁人赛。系统将出现“超时”提示框，如图 2.12 所示。

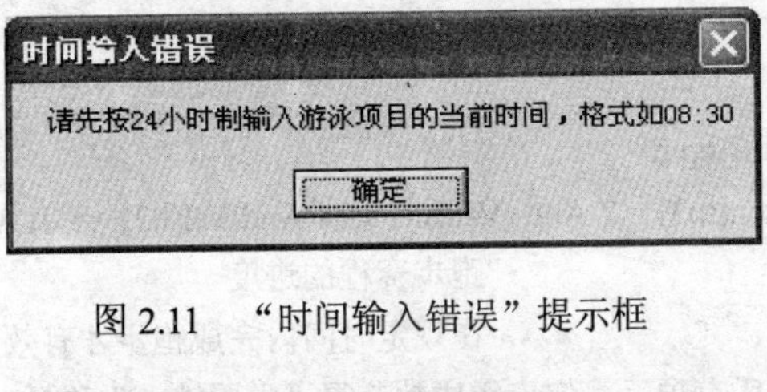

图 2.11 “时间输入错误”提示框

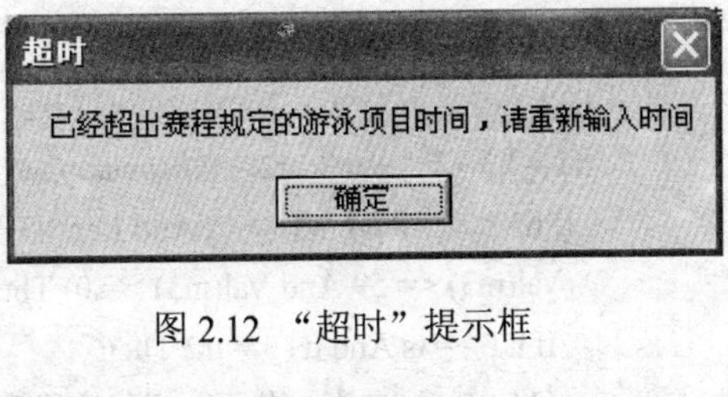

图 2.12 “超时”提示框

（4）在规定时间内完成赛程，将会出现如图 2.13 所示的“正常”提示框。

图 2.13 “正常”提示框

【提示】

（1）窗体装载时，只设置 cmdSwim 按钮可以使用（cmdCls 按钮总是可以使用），而余下的 2 个按钮必须在正常完成前面的项目之后才有效。

（2）（选做）公路自行车和马拉松赛程的事件过程的参考代码如下：

```
Private Sub cmdBike_Click()
  h2 = txtBikeh.Text: m2 = txtBikem.Text: tb1 = h2 + ":" + m2
  tb2 = txtBikestoph + ":" + txtBikestopm
   If (h2 <> "" And m2 <> "") And (Len(h2) = 2 And Len(m2) = 2) And (Val(h2) < 24 And _
   Val(h2) >= 0) And (Val(m2) <= 59 And Val(m2) >= 0) Then        '自行车赛程的进度
    If tb1 >= ts And tb1 <= tb2 Then                                '在规定时间内完成自行车才有效
     MsgBox "恭喜！在赛程规定的自行车项目时间内，请继续进行下一个项目（跑步）的比赛", , "
     正常"
     cmdRun.Enabled = True                   '在规定时间内完成自行车后设置“run 检查”按钮有效
    Else
     MsgBox "已经超出赛程规定的自行车项目时间，请重新输入时间", , "超时"
     txtBikeh.Text = ""
     txtBikem.Text = ""
     txtBikeh.SetFocus
    End If
  Else
     MsgBox "请先按 24 小时制输入自行车项目的当前时间，格式如 08:30", , "时间输入错误"
     txtBikeh.Text = ""
     txtBikem.Text = ""
     txtBikeh.SetFocus
  End If
End Sub
Private Sub cmdRun_Click()
  h3 = txtRunh.Text: m3 = txtRunm.Text
  tr1 = h3 + ":" + m3: tr2 = txtRunstoph + ":" + txtRunstopm
   If h3 <> "" And m3 <> "" And Len(h3) = 2 And Len(m3) = 2 And (Val(h3) < 24 And Val(h3) >= 0) And
   (Val(m3) <= 59 And Val(m3) >= 0) Then                            '跑步赛程的进度
    If tr1 >= ts And tr1 <= tr2 Then                                '在规定时间内完成跑步才有效
     MsgBox "恭喜！恭喜！已经完成赛程规定的所有项目，您已经成功获得“中国铁人”称号", , "
     正常"
```

```
        Else
            MsgBox "已经超出赛程规定的跑步项目时间，请重新输入时间", , "超时"
            txtRunh.Text = ""
            txtRunm.Text = ""
            txtRunh.SetFocus
        End If
    Else
        MsgBox "请先按 24 小时制输入跑步项目的当前时间，格式如 08:30", , "时间输入错误"
            txtRunh.Text = ""
            txtRunm.Text = ""
            txtRunh.SetFocus
    End If
End Sub
```

实验三 VB 语言基础

一、实验目的

1. 掌握编码基本规则。
2. 掌握标准数据类型和自定义数据类型。
3. 掌握变量和常量的含义及声明方法。
4. 掌握常见内部函数的用法。
5. 掌握运算符和表达式的书写及应用。
6. 掌握 VB 的基本语句。

二、实验内容

实验 3.1 编写一个应用程序，实现长度单位“千米”与“英里”之间的转换，界面如图 3.1 所示。要求程序运行时单击按钮实现转换，即单击“千米转英里”按钮则将以“千米”计量的距离转换为以“英里”为单位；单击“英里转千米”则实现相反功能。计算结果保留 3 位小数。其中，1 千米=0.621 英里。

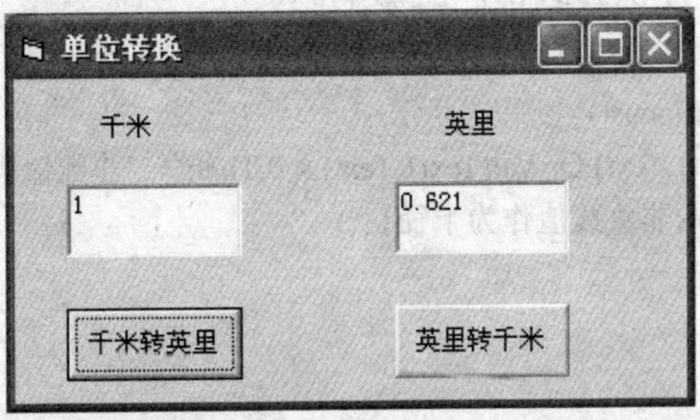

图 3.1 实验 3.1 运行界面

【提示】

（1）该程序通过文本框获得要转换的千米或英里数值，然后通过公式计算得到转换的结果。可以定义变量或者直接使用 Text1、Text2 进行计算。如：

```
Private Sub Command1_Click()
  Dim km!, mile!
  km = Text1.Text
  Text2.Text = Format(0.621 * km, "0.000")
End Sub
```

其中 Format()函数实现结果保留 3 位小数。

（2）若要使用 Text1、Text2 中的数值进行计算，最好通过 Val()函数将字符串转换为数值类型（“+”运算符号在数值运算中是加法运算，在字符运算中是连接字符串运算符）。

实验 3.2 水平抛出一个小球，现已知平抛时的初速度 v_0 及平抛点的高度 h，求落地点与抛出点间的水平位移。

【提示】

平抛运动是水平方向匀速直线运动和竖直方向初速度为零的匀加速直线运动的合运动，其中加速度为重力加速度 g。

水平分运动：水平位移：$x= v_0 t$ （1） 水平分速度：$v_x = v_0$ （3）

竖直分运动：竖直位移：$h= \frac{1}{2} g t^2$ （2） 竖直分速度：$v_y=g t$ （4）

其中，t 表示运动持续时间，g 表示重力加速度，取 9.8 m/s^2。由公式(2)可知，运动时间 $t=\sqrt{2h/g}$，将其代入公式（1），则可求得水平位移 x。

实验 3.3 输入球体的半径 r，求球体的表面积和体积，如图 3.2 所示。要求：对输入的球体半径进行合法性检查，仅可以输入数值型数据；若不符合要求，则显示出错信息。其中，球体面积 $S=4\pi r^2$，球体体积 $V=\frac{4}{3}\pi r^3$，π 为圆周率。

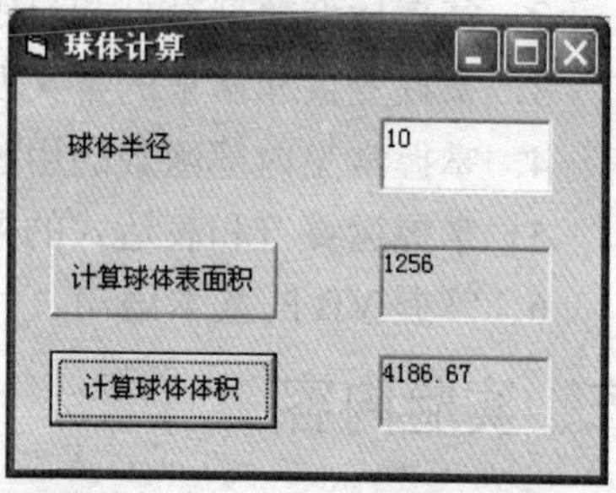

图 3.2 实验 3.2 运行界面

【提示】

输入球体半径使用的是文本框控件，显示计算结果使用的是标签控件。考虑到圆周率可以取不同的精度值，可在代码的通用段将其定义为常量：Const pi = 3.14159。这样只需要修改此处的取值就可以对表面积和体积公式都产生影响。

合法的球体半径应该为非负实数，合法性检查可通过 Text1 的 LostFocus 事件来检查。

```
Private Sub Text1_LostFocus()
 If Not IsNumeric(Text1.Text) Or Val(Text1.Text) < 0 Then    '非数值类型或数值<0
     MsgBox ("请输入非负数值作为半径！")
     Text1.Text = ""
     Text1.SetFocus
 End If
End Sub
```

实验 3.4 求平面坐标系中两点 A、B 之间的距离，A、B 两点的坐标由用户输入。运行界面如图 3.3 所示。

实验 3.5　随机产生一个 3 位的正整数，然后逆序输出，要求将产生的数与逆序数同时输出。

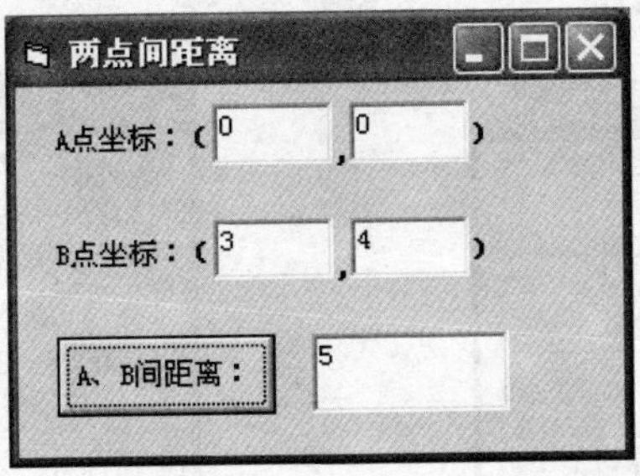

图 3.3　实验 3.4 运行界面

【提示】

要随机产生一个 3 位的正整数，可以借助 Rnd 函数。3 位正整数的范围为闭区间 [100, 999]，区间长度为 900，故可采用公式 x=Int(Rnd*900+100)。

要得到 x 的逆序数，可以采用两种方法：数值计算方法、字符串处理方法。

（1）数值计算。若通过整除（\）、取余数（Mod）等算术运算将数字的百、十、个位分别分离出来，然后逆序组合，即可得逆序数。如：

```
r = x \ 100                 'r：百位
s = (x \ 10) Mod 10         's：十位
t = x Mod 10                't：个位
y = 100 * t + 10 * s + r    'y：x 的逆序数
```

（2）字符串处理方法。首先用 Str()函数将 x 转换为字符串，然后使用 Left()、Mid()、Right()等函数分别取出字符串的百、十、个位。

实验 3.6　编程实现字符串的分段与连接。程序运行界面如图 3.4 所示，若单击“连接”按钮，则将 Text1、Text2 文本框中的字符串连接显示在 Text3 文本框中；若单击“分段”按钮，则将 Text1 文本框中的字符串分成两段显示在 Text2、Text3 文本框中。当字符串长度为奇数时，Text3 文本框中显示较长一段。

【提示】

字符串的连接可以通过“&”或“+”来实现。字符串的分段可以根据字符串长度（Len(Text1)）来实现。若字符串长度为偶数，可以平分；若为奇数，则按照题目要求，Text2 中为（Len(Text1)-1）/2 个字符，Text3 中为（Len(Text1)+1）/2 个字符。字符串的分段可使用 Left()、Mid()、Right()等函数。如：

```
le = Len(Text1)
  If le Mod 2 = 0 Then
    Text2 = Left(Text1, le / 2)
    Text3 = Right(Text1, le / 2)      '或 Text3=Mid(Text1,le/2+1)
  Else
    Text2 = Left(Text1, (le - 1) / 2)
    Text3 = Right(Text1, (le + 1) / 2)
  End If
```

实验 3.7 制作一个毕业倒计时牌，计算当前到毕业所余下的时间，并将时间分别以天、周、月等为单位显示，如图 3.5 所示。例如，假设今天为 2008 年 9 月 10 日，毕业日期为 2012 年 6 月 25 日，则还有 1 384 天。

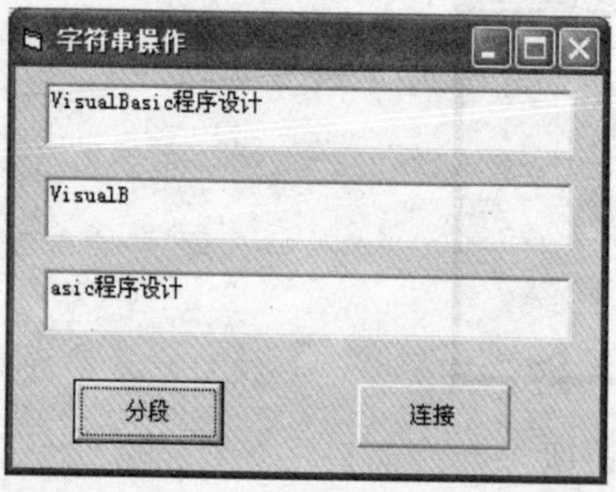

图 3.4 实验 3.6 运行界面

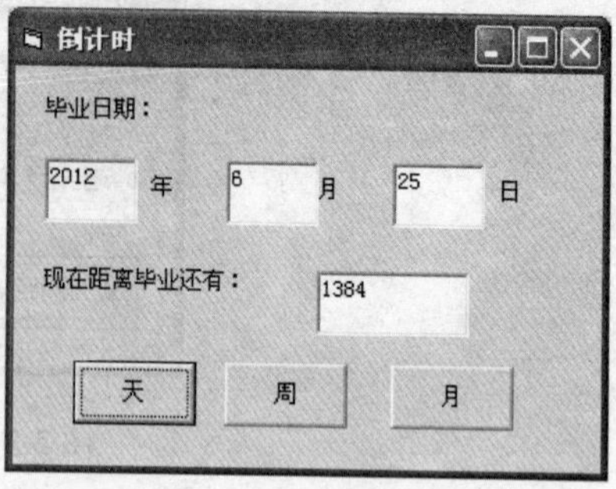

图 3.5 实验 3.7 运行界面

【提示】

计算两个时间之差可以使用 DateDiff()函数。形式：DateDiff（要间隔日期形式，日期 1，日期 2）。间隔日期形式有“d”、“w”、“m”等，分别表示以天、周、月等作为间隔单位。当前日期可以由 Now()函数获得。毕业日期由文本框输入，故可声明一个日期型（Date）变量 tim。参考代码：

```
Private Sub Command1_Click()
    Dim tim As Date
    tim = Text1 & "," & Text2 & "," & Text3
    Text4 = DateDiff("d", Now, tim)
End Sub
```

实验 3.8 编程调用系统附件中的“画图”、“计算器”和“记事本”程序。

【提示】

Shell()函数格式：Shell（命令字符串[，窗口类型]），其中命令字符串路径有绝对路径和 start 方式两种表达方法。以画图程序为例，则可以表示成：

```
i = Shell("C:\WINDOWS\system32\mspaint.exe", 1)      '绝对路径
```

或

```
j = Shell(start & "mspaint.exe ", 1)              'start 方式
```

程序对应的路径和文件名可以通过“开始”菜单的“程序”子菜单项查看，具体方法是在相应的子菜单项上单击鼠标右键，在快捷菜单的“属性”选项中显示文件标识符，通过复制、粘贴可将该文件标识符取到 Shell()函数中。

采用绝对路径方式时，路径与文件名之间用“\”分隔。

实验 3.9 自定义一个名为“books”的自定义类型，其中包含的域及数据类型如表 3.1 所示。

表 3.1 book 域类型及数据类型

域 名	数 据 类 型	数 据 长 度
Title	字符型	40

续表

域　名	数据类型	数据长度
Author	字符型	20
Price	单精度实型	10
Press	字符型	30

实验四　基本结构

一、实验目的

1. 掌握数据基本输入输出方式（用户交互函数和消息框函数）。
2. 掌握顺序结构程序设计。
3. 掌握选择结构程序设计。

（1）掌握 If 语句的单分支、多分支和 If 嵌套语句的使用。

（2）掌握 Select Case 语句的使用。

4. 掌握循环结构程序设计。

（1）掌握 For…Next 循环的使用。

（2）掌握 Do…Loop 和 While…Wend 循环的使用。

二、实验内容

实验 4.1　使用 InputBox()函数输入一个正实数，求其平方、平方根。

实验 4.2　编程判断给定的三条线段是否能构成三角形，结论由 MsgBox()函数显示，运行界面如图 4.1 所示。

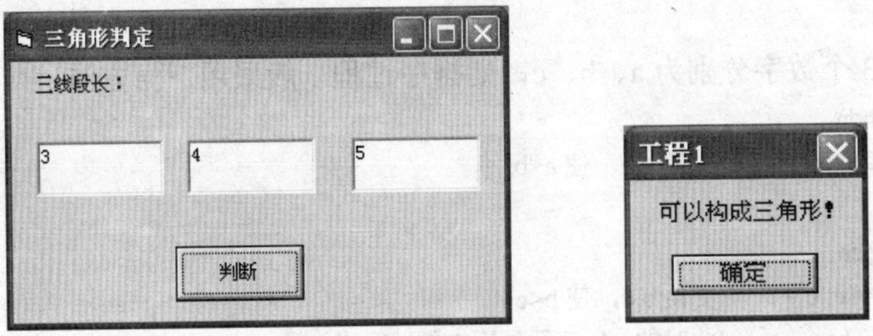

图 4.1　三角形判定运行界面

【提示】

（1）三条线段能构成三角形的条件是：任意两线段长度之和大于第三条线段的长度。假设三线段长度分别为 a、b、c，则需要满足(a + b) > c And (a + c) > b And (b + c) > a 才可以构成三角形。

（2）文本框中存放的数据为 String 类型，若直接使用 Text1.text+Text2.text 形式，则产生的结果为"3"+"4"="34"，故应使用 Val()函数将字符串转换为数值类型，或声明 a、b、c 为数值型变量，令 a = Text1，b = Text2，c = Text3。

实验 4.3 使用 InputBox()函数输入一个整数，判断其是奇数还是偶数。若是奇数，显示在 Text1 中；若是偶数，显示在 Text2 中。运行界面如图 4.2、图 4.3 所示，单击“运行”按钮开始运行程序。

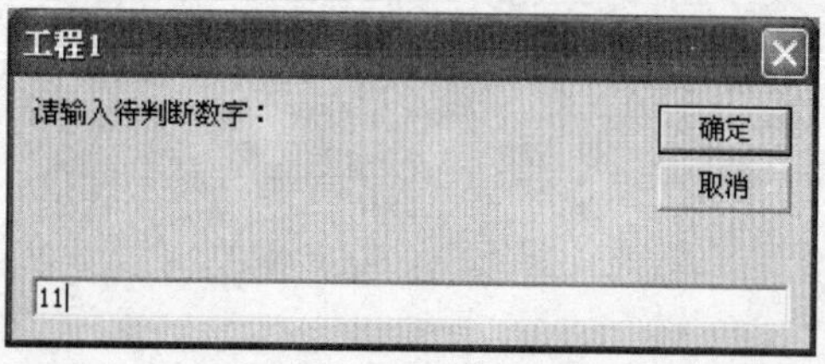

图 4.2 实验 4.3 输入界面

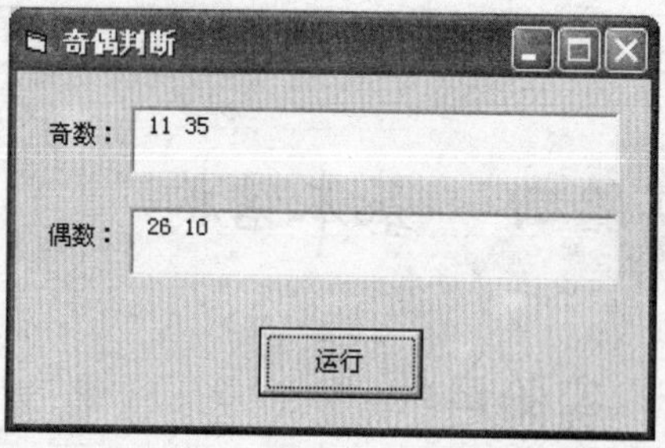

图 4.3 实验 4.3 判定界面

【提示】

（1）要求使用 InputBox()函数输入一个整数，并且单击“运行”按钮开始运行程序，“运行”按钮的单击事件对应的代码：

```
x = InputBox("请输入待判断数字：")
```

（2）判断奇偶数可以通过取余数运算 Mod，若 x Mod 2=0，则 x 为偶数，否则为奇数。在文本框中显示时，还要保留之前的结果，代码如下：

```
If x Mod 2 = 0 Then
    Text2 = Text2 & " " & x
Else
    Text1 = Text1 & " " & x
End If
```

实验 4.4 对用户输入的 3 个数字进行排序，按从小到大顺序排列。

【提示】

设待排序的 3 个数字分别为 a、b、c，则排序过程一般采用下面方法：

```
If a > b Then
    t = a: a = b: b = t   '交换 a,b，使 a<b
End If
If b > c Then
  t = b: b = c: c = t     '交换 b,c，使 b<c
  If a > b Then           '此时的 a,b 已不是原来的 a,b
    t = a: a = b: b = t
  End If
End If
```

实验 4.5 根据某门考查课的总评分数 x 给出其成绩等级，标准如下：90<=x<=100，优秀；80<=x<90，良好；70<=x<80，中等；60<=x<70，及格；x<60，不及格。

【提示】

在多分支 If 语句中，有多个条件为 True 时，仅执行第一个为 True 的条件后的语句块，然后跳出 If 语句。所以要注意多个条件判断的顺序，一般按照递增或递减排列。

实验 4.6 字符分类。输入一个字符，判断输入的字符属于哪一类别，并在相应的文本框中显示，如图 4.4 所示。

图 4.4 字符分类运行界面

【提示】

要限制文本框中只输入长度为 1 的字符，可通过设置文本框的 MaxLength 属性值为 1 来实现。判断字符的类别，可以通过 If 多分支语句或 Select Case 语句来实现。

```
Private Sub Command1_Click()
    Select Case Text1.Text
            Case "a" To "z", "A" To "Z"        '字母
                ⋮
            Case "0" To "9"                    '数字
                ⋮
            Case Else                          '其他
                ⋮
    End Select
End Sub
```

实验 4.7 用公式 $\frac{\pi}{4} \approx 1-\frac{1}{3}+\frac{1}{5}-\frac{1}{7}+\ldots$ 求 π 的近似值，直到最后一项的绝对值小于 10^{-6} 为止。

【提示】

该题目需要使用循环来计算部分级数和。首先要找到规律，写出通项。

绝对值可以使用 Abs()函数来求。因为事先不知道循环次数，一般使用 Do…While 循环结构，当然也可以使用 For…Next 循环，设置循环的终值为一个较大的值，并且在循环体内判断是否满足终止条件，若满足，使用 Exit 语句退出 For…Next 循环即可。

实验 4.8 将一个十进制整数转换为二进制数。

【提示】

十进制整数转换为二进制整数采用“除 2 取余，逆序排列”法。具体做法是：用 2 去除十进制整数，可以得到一个商和余数；再用 2 去除商，又会得到一个商和余数，如此进行，直到商为 0 时为止，然后把先得到的余数作为二进制数的低位有效位，后得到的余数作为二进制数的高位有效位，依次排列起来。例如，将十进制的整数 173 转换为二进制的过程如图 4.5 所示。

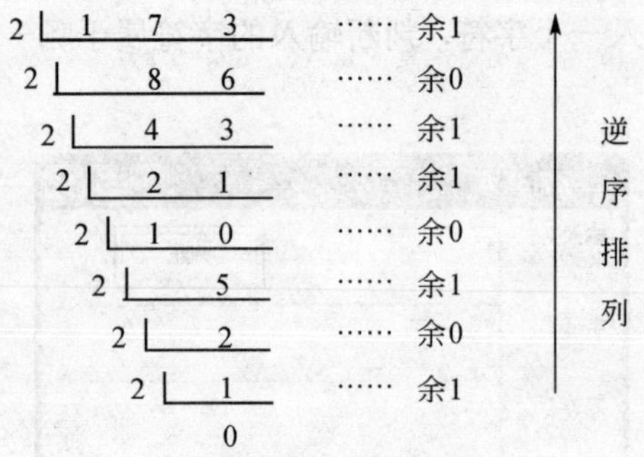

图 4.5 十-二进制转换

所以，$(173)_{10}=(10101101)_2$

该过程可以用循环来实现。参考代码：

```
nk = ""                'nk 为转换的 2 进制字符串
Do While n <> 0        'n 为待转换 10 进制数
    k = n Mod 2        'k 为整除的余数
    n = n \ 2
    nk = k & nk        '将整除的余数逆序排列
Loop
Label1.Caption = nk
```

实验 4.9 编程计算两个数的最大公约数与最小公倍数。

【提示】

求两数 m、n 最大公约数可以用欧几里得算法（也叫辗转相除法）。算法思想如下：

（1）令 m>n

（2）m 除以 n 得余数 r

（3）若 r=0，则 n 为求得的最大公约数，算法结束。否则执行步骤（4）

（4）令 m=n，n=r，重复执行步骤（2）。

求得最大公约数后，最小公倍数=m×n/最大公约数。

关键代码：

```
Do
    r = m Mod n
    If r = 0 Then Exit Do
    m = n
    n = r
Loop
```

实验 4.10 编程打印如图 4.6 所示的图形。

【提示】

类似问题首先要找出图形规律。此处可以发现：

（1）第 n 行内容由 2n-1 个第 n 个大写字母构成。字母表中的第 n 个大写字母可以借助 Chr()和 Asc()函数来表示，即 Chr(Asc("A") + n - 1)，或直接表示为 Chr(64 + n)。

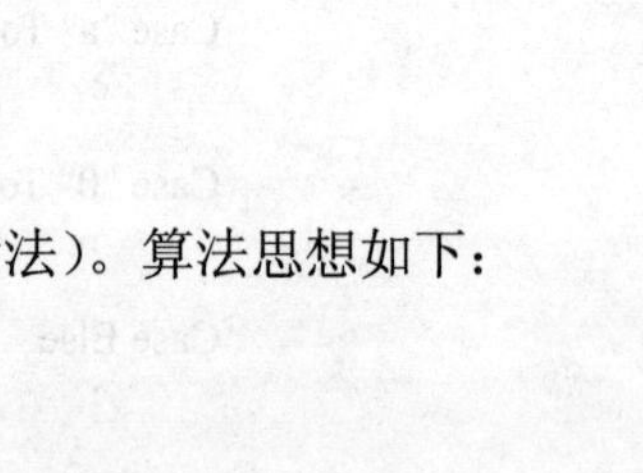

图 4.6 图形打印界面

（2）第 n 行图形前的空格比第 n+1 行多一个（每个大写字母占一个打印位）。图形前的空格个数可借助 Spc()或 Tab()函数来实现。

参考代码：

```
Print Tab(x - i); String(y * i - 1, Chr(Asc("A") + i - 1))
```

其中系数 x、y 可根据用户需要调整。

实验 4.11 勾股定理中 3 个数的关系是：$a^2+b^2=c^2$。编写程序，输出 30 以内满足上述关系的整数组合，例如 3、4、5 就是一个整数组合。

【提示】

可采用枚举法结合循环来实现。

实验 4.12 36 块砖，36 人搬，男的搬 4 块，女的搬 3 块，2 个小孩抬一块。要求一次全部搬完，需男、女、小孩各多少人？请编程解决该问题。

【提示】

仍然采用枚举法思路。需要满足的条件有两个：人数共 36 人，且共可搬 36 块砖。并且应注意 2 个小孩抬一块，故小孩数必然为偶数，令控制小孩数的循环变量步长为 2 即可。

实验五 数组

一、实验目的

1. 掌握一维数组与多维数组的声明与使用。
2. 掌握数组的输入、输出、排序和求最值等基本操作。
3. 了解控件数组。
4. 掌握与数组相关的常用算法。

二、实验内容

实验 5.1 随机产生 20 个 0~100 的正整数（包括 0 和 100）存放在数组中，求其平均值、最大值和最小值，并显示最大、最小值的下标（要求下标从 1 开始编号）。

【提示】

可以使用一维静态数组实现，下标范围可以在声明数组时确定。

实验 5.2 编写一个程序，输入 0~99 之间的一个整数数字，在屏幕上显示该数对应的大写数字。运行界面如图 5.1 所示。

图 5.1 数字转大写运行界面

【提示】

0~99 之间的数字转换成大写用到的字符有“零”、“壹”、“贰”、“叁”、“肆”、“伍”、“陆”、“柒”、“捌”、“玖”、“拾”11 个，可以将其存放在一个数组 Arr 中。Arr 下标从 0～10。

```
Arr = Array("零", "壹", "贰", "叁", "肆", "伍", "陆", "柒", "捌", "玖", "拾")
```

然后根据小写数字 n 的情况转换大写：

（1）0=<n<=9：Label3.Caption = Arr(n)。

（2）n 为 10 的整数倍且 n < 99：Label3.Caption = arr(n \ 10) & arr(10)。

（3）其他（非以上两种情况且<99）：Label3.Caption = arr(n \ 10) & arr(10) & arr(n Mod 10)。

实验 5.3 计算一个班的平均成绩，并统计高于平均成绩的人数，其中班级人数和各个成绩由用户输入。

【提示】

输入班级人数和成绩可以通过 InputBox()函数实现。若要计算平均成绩，并统计高于平均成绩的人数，则必须用数组将成绩存储起来。此处预先不知道人数，故需使用一维动态数组。

实验 5.4 已知一数列$\{a_n\}$，其中 $a_1=1$，$a_n=a_1\times(\frac{1}{2})^n$，计算并显示该数列的前 n 项，n 由用户输入。

实验 5.5 给定一个主字符串和一个子字符串，显示子字符串在主字符串中出现过的所有位置。运行界面如图 5.2 所示。

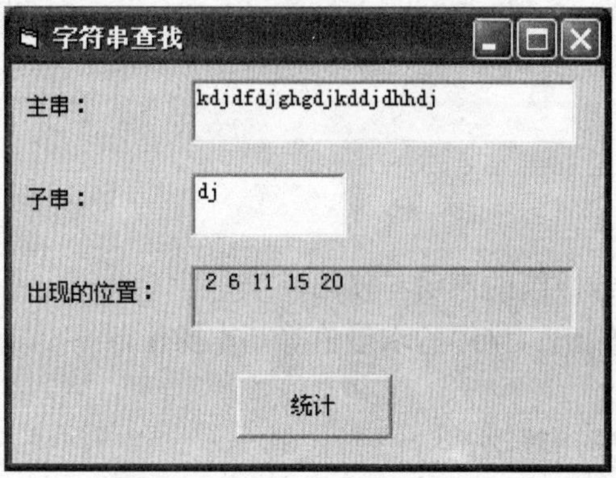

图 5.2 实验 5.5 运行界面

【提示】

（1）子串在主串中出现的位置可能有多处，故可采用数组来存储出现的位置。因为数组的大小事先并不确定，可采用动态数组。

（2）在一个字符串中查找另一个字符串是否存在，可使用 Instr（i,C1,C2）函数，表示在 C1 中从第 i 位开始，查找是否有 C2 存在。

（3）声明动态数组：

```
Dim p()            '数组 p 中存放子串出现的位置
le = Len(Text1)
ReDim p(le)
```

查找子串：

```
i = InStr(1, Text1, Text2)         '查找子串第一次出现的位置
Do While i > 0
```

```
    p(j) = i
    i = InStr(i + 1, Text1, Text2)        '查找子串下一次出现的位置
    j = j + 1
Loop
```

最后将数组 p 中各元素内容输出即可。

实验 5.6 利用随机函数生成 2 个 3×3 的矩阵，矩阵元素在 0～10 之间，并计算两矩阵乘积。运行界面如图 5.3 所示。

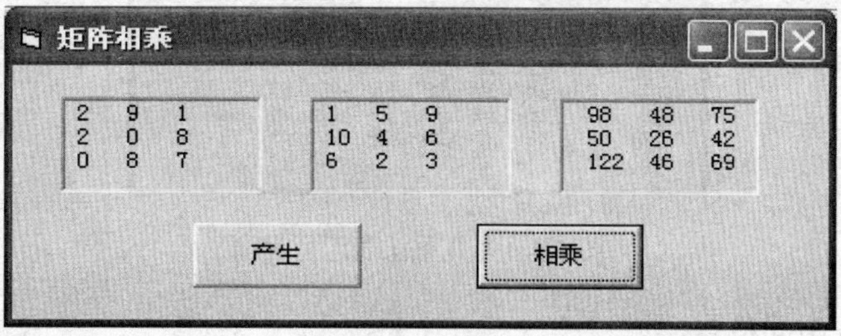

图 5.3 矩阵相乘运行界面

【提示】

若要两矩阵能相乘，必须保证前一个矩阵的列数等于后一个矩阵的行数。例如，若 A 为 $n\times k$ 的矩阵，$\boldsymbol{B}$ 为 $k\times m$ 的矩阵，则 $\boldsymbol{A}\times\boldsymbol{B}$ 的结果 $\boldsymbol{C}$ 为 $n\times m$ 的矩阵，且 $\boldsymbol{C}$ 中的每一个元素

$$c_{ij}=\sum_{l=1}^{k}a_{il}b_{lj}=a_{i1}b_{1j}+a_{i2}b_{2j}+\ldots+a_{ik}b_{kj}\text{。}$$

故计算 c_{ij} 的过程为一累加过程。参考代码：

```
For i = 1 To 3
    For j = 1 To 3
      c(i, j) = 0
      For k = 1 To 3
          c(i, j) = c(i, j) + a(i, k) * b(k, j)
      Next k
      Picture3.Print Tab(5 * j - 3); c(i, j);
    Next j
Picture3.Print
Next i
```

要注意的是，以上代码中数组 a、b、c 需要在通用代码段定义。

实验 5.7 编程在窗体上输出一个九九乘法表，如图 5.4 所示。

【提示】

"九九乘法表"和第一行乘数可以单独打印，后面各乘积可使用二维数组来存放。打印格式（包括列对齐方式、下三角打印）可参照主教材的例 5.4、5.5。

实验 5.8 将一个具有 n^2 个元素的一维数组 A 中的元素分别按行和列转移到 n 行 n 列的二维数组 B 和 C 中。

实验 5.9 n 阶魔方矩阵，是由 $1\sim n^2$ 的自然数排列成的 n 行 n 列的方阵，它的每行、每列、

对角线元素之和都等于$\frac{1}{2}n\times(n^2+1)$。当 n 为奇数时，假定方阵的行、列下标分别为 i、j，且都从 1 开始，则矩阵中元素具有以下规律：

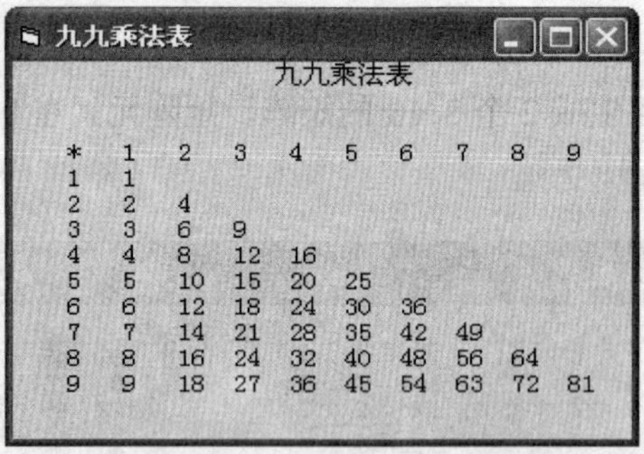

图 5.4 九九乘法表运行界面

（1）1 在第一行中间位置。

（2）其余 $2\sim n^2$ 的数下一个填入的位置在前一个数的右斜上方，也就是说，如果当前位置在第 i 行、第 j 列，则下一个数在第 i–1 行、第 j+1 列。这时要考虑以下特殊情况：

- 当前数如果是 n 的倍数，则下一数字填入第 i+1 行、第 j 列。
- 若 i–1<1，则下一数字填入第 n 行、第 j+1 列。
- 若 j+1>n，则下一数字填入第 i–1 行、第 1 列。
- 非以上 3 种情况，则下一个数填入第 i–1 行，第 j+1 列。

编程输出 n 阶魔方矩阵，其中 $3\leqslant n\leqslant 9$，且为奇数，运行结果如图 5.5 所示。

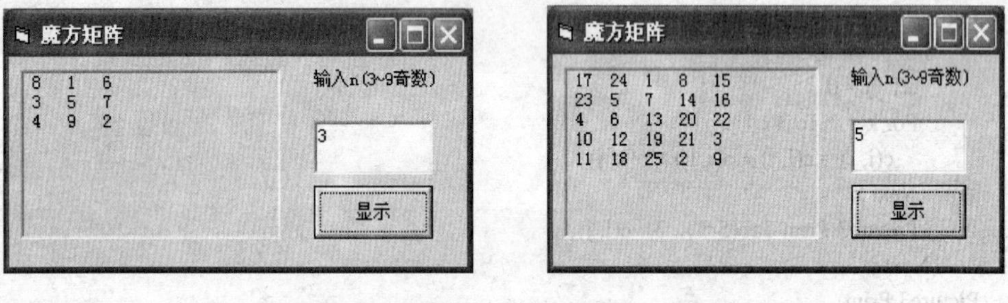

图 5.5 3 阶魔方矩阵和 5 阶魔方矩阵

【提示】

矩阵大小与用户输入的 n 有关，故可以使用动态数组。将 $1\sim n^2$ 的数字逐个填入时，关键是根据规律计算下一个数字的位置。部分参考代码如下：

```
' i,j 分别代表下一个待填写数组的行、列值
    i = 1
j = (1 + n) / 2
m(i, j) = 1        '1 在第一行中间位置
For x = 2 To n * n    ' x 代表下一个要填写的数字
```

```
        If (x - 1) Mod n = 0 Then
            i = i + 1: j = j
        ElseIf (i - 1) < 1 Then
            i = n: j = j + 1
        ElseIf (j + 1) > n Then
            i = i - 1: j = 1
        Else
            i = i - 1: j = j + 1
        End If
        m(i, j) = x
    Next x
```

计算出 m 矩阵中各元素的值后，将其在 PictureBox 中打印即可。

实验 5.10　编程实现数组排序。单击“输入数据”按钮，使用 InputBox()输入 10 个整数，并在第一个文本框中显示，然后根据相应按钮分别对这 10 个数进行升序和降序的排列，如图 5.6 所示。

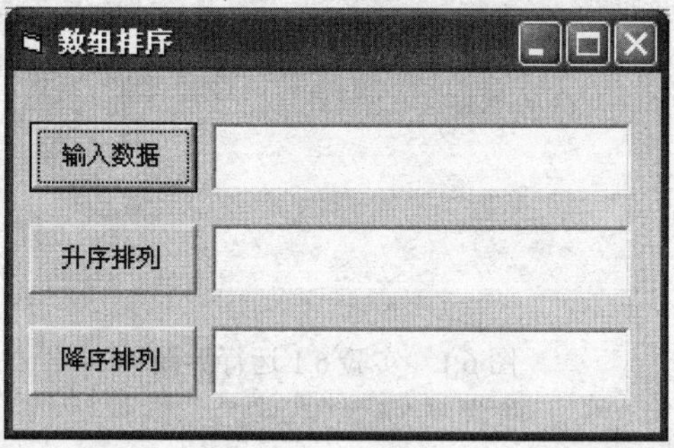

图 5.6　数组排序

实验六　常用控件及其运用

一、实验目的

1. 掌握单选按钮、复选框、框架控件的常用属性设置及应用。
2. 掌握列表框、组合框等控件的常用属性设置及应用。
3. 掌握滚动条、滑块等控件的常用属性设置及应用。
4. 掌握时钟控件的常用属性设置及应用。
5. 掌握对话框等控件的常用属性设置及应用。
6. 了解进度条和 SSTab 控件的常用属性设置及应用。
7. 掌握鼠标、键盘的常用属性设置及应用。

二、实验内容

实验 6.1 根据单选按钮、复选框的选择情况在文本框中显示相应的内容。运行界面如图 6.1 所示。

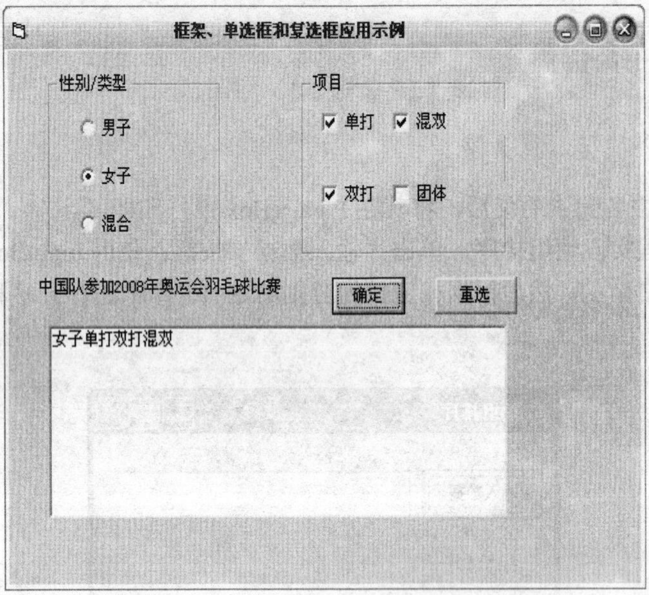

图 6.1 实验 6.1 运行界面

【要求】

当单击“确定”按钮时，将两个框架中选择的内容显示在文本框中，单击“重选”按钮则清空文本框内容。

实验 6.2 设计一个列表框和组合框的简单应用程序。

【要求】

（1）窗体装载时，lstSelect 列表框和 cboSelect 组合框包含我国所有行政区及其简称，且 cboRight 组合框隐藏。初始运行界面如图 6.2 所示。

（2）选定 lstSelect 列表框和 cboSelect 组合框的项目，并单击“确定”按钮后，lstPrint 列表框将出现用户选择的内容，与 cboRight 组合框的内容（即当前选定行政区简称的正确答案）进行比较后，在标签“测试得分”显示符合正确答案的分数（取整）。运行界面如图 6.3 所示。要求 lstPrint 列表框和 cboRight 组合框均按选择的次序排序。

（3）单击“重新测试”按钮后，cboRight 组合框隐藏，且“测试得分”的内容变成“重新测试得分”。

（4）单击“正确答案”按钮后，cboRight 组合框将会出现在 lstSelect 和 cboSelect 中选择的我国行政区及相应简称的正确答案。

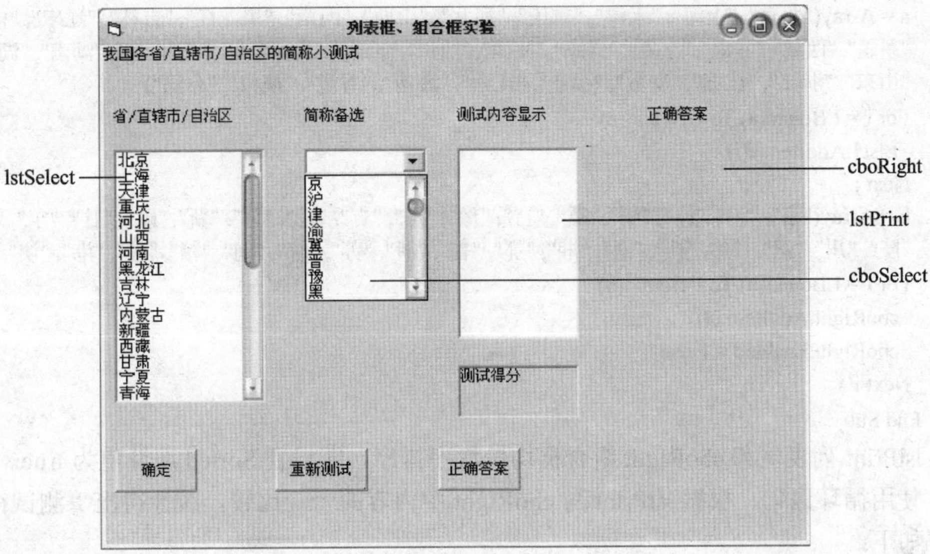

图 6.2　实验 6.2 初始运行界面

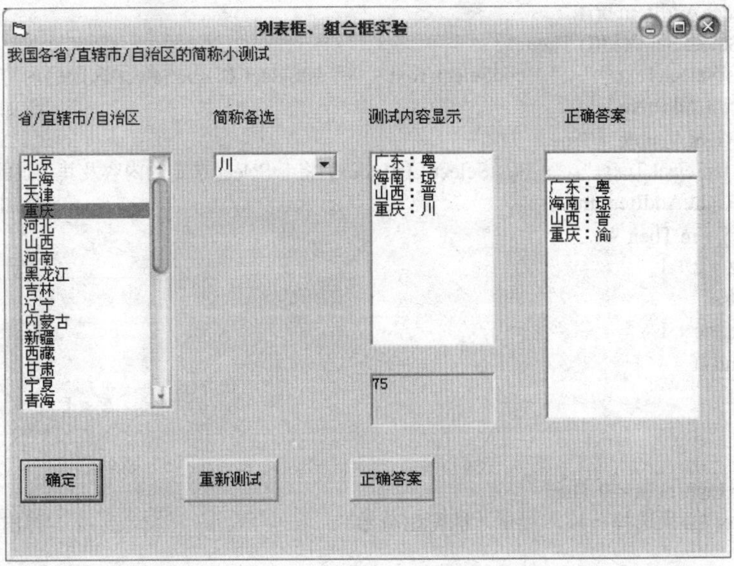

图 6.3　单击“确认”按钮后运行界面

【提示】

本题的学习目的在于熟练掌握列表框、组合框重要的常用属性、方法和事件。

（1）可以使用两个数组来实现我国行政区及其简称的一一对应：均使用 Array()赋予这两个数组初值（注意行政区名称与简称要一一对应），再利用循环结构将这些内容添加到 lstSelect 列表框和 cboSelect 组合框的项目中。参考代码如下：

```
Option Explicit
Dim a(), b(), i%, j$, m$, z%, c%
Private Sub Form_Load()
```

```
a = Array("北京", "上海", "天津", "重庆", "河北", "山西", "河南", "黑龙江", "吉林", "辽宁", "内蒙古",
"新疆", "西藏", "甘肃", "宁夏", "青海", "陕西", "四川", "云南", "贵州", "广西", "广东", "湖南", "湖北",
"山东", "浙江", "江苏", "安徽", "福建", "江西", "海南", "香港", "澳门", "台湾")
For i = LBound(a) To UBound(a)
 List1.AddItem a(i)
Next i
b = Array("京", "沪", "津", "渝", "冀", "晋", "豫", "黑", "吉", "辽", "蒙", "新", "藏", "甘", "宁", "青",
"陕", "川", "滇", "黔", "桂", "粤", "湘", "鄂", "鲁", "浙", "苏", "皖", "闽", "赣", "琼", "港", "澳", "台")
For i = LBound(b) To UBound(b)
 cboRight.AddItem b(i)
 cboRight.Enabled = False
Next i
End Sub
```

（2）lstPrint 列表框和 cboRight 组合框均按次序排序，即设置 Sorted 属性值为 true。

（3）使用循环语句，根据 lstPrint 与 cboRight 中内容的一一比较，统计得出“测试得分”，参考代码如下：

```
Private Sub cmdok_Click()
For i = LBound(a) To UBound(a)
  cboSelect.AddItem b(i)
   If lstSelect.Selected(i) Then
    j = lstSelect.Text + "：" + cboSelect.Text    '将 lstSelect 和 cboSelect 选定的内容连接赋值给变量 j
    lstPrint.AddItem j                                  '添加到 lstPrint 中
    cboRight.Visible = True
    m = lstSelect.Text+"："+ b(lstSelect.ListIndex) '将 lstSelect 选定的内容及其正确的简称赋值给变量 m
    cboRight.AddItem m                                  '添加到 cboright 中
      If j = m Then
       z = z + 1                                        '累计正确次数
      Else
       c = c + 1                                        '累计错误次数
      End If
   End If
 Next i
End Sub
If lstPrint.ListCount = 0 Then
  MsgBox "必须选择一项，测试才能得出分数"                 '弹出提示框
Else
 label6.Caption = Int(z / (z + c) * 100)                '计算测试得分
End If
```

实验 6.3 设计一个滚动条和进度条的简单应用程序。

【要求】

将主教材的例 2.10 稍微进行改变，增加 3 个水平滚动条和 3 个进度条，各控件的位置略有调整（也可以保持不变），按钮由原来的 4 个变成 2 个，并且位于窗体的最下端。结合界面以及之前介绍，列出以下几点要求：

（1）窗体装载时，所有的滚动条和进度条均无效。焦点位于游泳赛程对应的“当前时间”的“时”的文本框中，如图 6.4 所示。

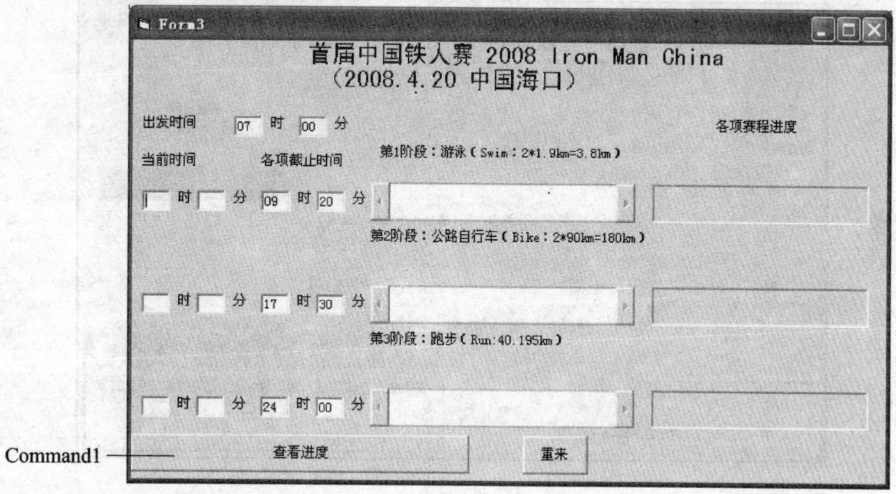

图 6.4　实验 6.3 的初始运行界面

（2）单击“查看进度”按钮（Command1）时，对“游泳”赛程，先校验文本框的输入时间是否正确，当输入正确的 24 小时制时间数据并且在赛程规定的时间内（输入有误时系统将出现如图 2.11 和 2.12 的提示框），滚动条有效。

此时移动对应的滚动条时，该项对应的滚动条的 Caption 属性由原来的内容增加了“当前已经完成：*公里”，其中“*”由计算所得，且对应的进度条显示当前赛程的比赛进度，如图 6.5 所示。

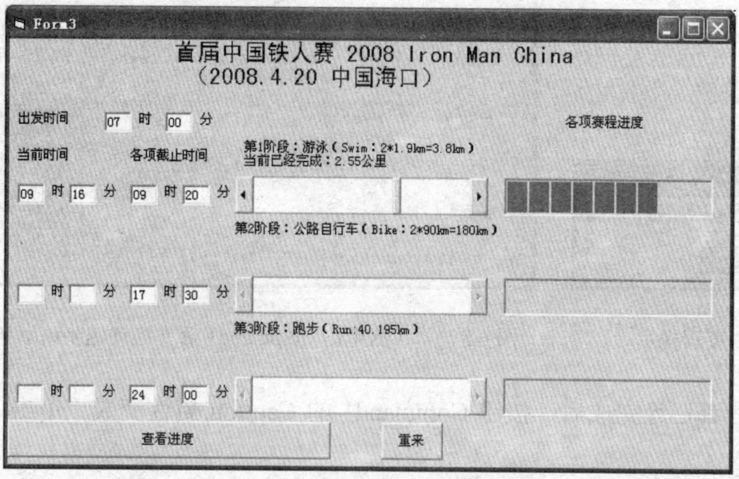

图 6.5　查看游泳赛程进度的运行界面

当游泳滚动条达到最大值时，再次单击“查看进度”按钮（Command1），其 Caption 属性值变成“再按一次查看公路自行车赛程的比赛进度”，这时公路自行车赛程的滚动条和进度条有效，之前的滚动条和进度条无效，且系统弹出“第 2 赛程：公路自行车”的提示框，如图 6.6 所示。

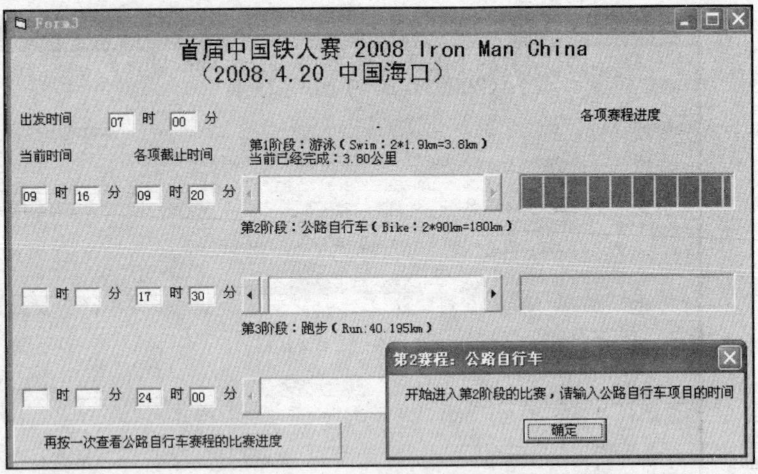

图 6.6　完成第 1 赛程后再一次单击 Command1 按钮的运行界面

（3）选做：继续单击两次 Command1 按钮，程序继续执行类似于步骤（1）、（2）的功能，显示“公路自行车”和“跑步”赛程的进度，如图 6.7 和图 6.8 所示。

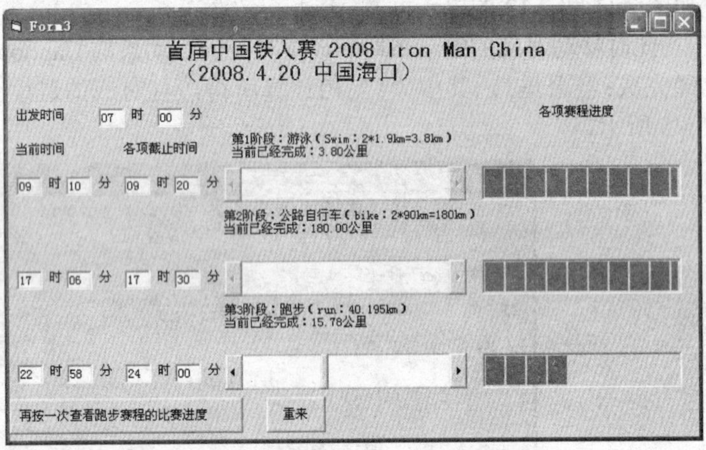

图 6.7　第 3 赛程提示　　　　图 6.8　第 3 次单击 Command1 后并拖动跑步滚动条的运行界面

（4）3 个赛程都已经完成后，按钮 Command1 的 Caption 属性变成“单击‘重来’按钮清空后查看”。

（5）单击“重来”按钮，清空 3 个赛程对应的所有“当前时间”，并调用 Form_Load 事件过程（代码中增加“Form_Load”即可）。

【提示】

（1）根据实际的赛程规定分析，在 Form_Load 事件过程中，用代码对以上界面滚动条和进度条等控件的属性设置，也可以在“属性”窗口中设置，如表 6.1 所示（其余的控件的属性设置可以参见主教材的表 2.23）。

表 6.1　实验 6.3 控件属性设置

控件	名称	Enable	Min 属性	Max 属性	Value 属性（初始值）	SmallChange 属性	LargeChange 属性
滚动条	hscrSwim	false	0	380	0	2	6
	hscrBike	false	0	1800	0	4	20
	hscrRun	false	0	4020	0	1	4
进度条	prgSwim	–	0	380	0	–	–
	prgBike	–	0	1800	0	–	–
	prgRun	–	0	4020	0	–	–

注意：滚动条的最大值为 32 767，因此，为了避免溢出，此处将实际的赛程按一定的比例设置滚动条和进度条的最大值。

“出发时间”、“各项截止时间”对应的文本框的 Locked 属性值设置为 true。

窗体装载的事件过程参考代码如下：

```
Private Sub Form_Load()
    hscrSwim.Min = 0: hscrSwim.Max = 380:
    hscrSwim.Value = 0: hscrSwim.SmallChange = 2: hscrSwim.LargeChange = 6
    prgSwim.Min = 0: prgSwim.Max = 380
    hscrBike.Min = 0: hscrBike.Max = 1800: hscrBike.Value = 0:
    hscrBike.SmallChange = 4: hscrBike.LargeChange = 20
    prgBike.Min = 0: prgBike.Max = 1800
    hscrRun.Min = 0: hscrRun.Max = 4020: hscrRun.Value = 0
    hscrRun.SmallChange = 1: hscrRun.LargeChange = 4
    prgRun.Min = 0: prgRun.Max = 4020
    h = txtstarth: m = txtstartm
    ts = h + ":" + m
    txtSwimh = "": txtSwimm = ""
    txtBikeh = "": txtBikem = ""
    txtRunh = "": txtRunm = ""
                        '窗体装载时，只有第一个项目对应的文本框有效，3 个滚动条均无效
    hscrSwim.Enabled = False: hscrBike.Enabled = False: hscrRun.Enabled = False
    txtBikeh.Enabled = False: txtBikem.Enabled = False
    txtRunh.Enabled = False: txtBikem.Enabled = False
End Sub
```

（2）选做：根据赛程的规定，游泳、公路自行车和跑步必须依次进行，因此选择 IF 嵌套并加上进度条为最大值的条件判断。并且使用一个变量 i（从 0 到 2 赋值），使得对应于不同赛程（单击 Command1 次数不同，显示不同的 Caption 属性值等）。

（3）在 Command1_Click 这个事件过程中，先给各个变量赋值（以下变量均为窗体级变量），编写主程序，调用各项赛程的事件过程即可。

```
Private Sub Command1_Click()
h = txtstarth: m = txtstartm
h1 = txtSwimh.Text: m1 = txtSwimm.Text: h2 = txtBikeh.Text: m2 = txtBikem.Text: h3 = txtRunh.Text:
m3 = txtRunm.Text
```

```
ts = h + ":" + m
ts1 = h1 + ":" + m1: tb1 = h2 + ":" + m2: tr1 = h3 + ":" + m3
ts2 = txtSwimstoph + ":" + txtSwimstopm: tb2 = txtBikestoph + ":" + txtBikestopm: tr2 = txtRunstoph +
":" + txtRunstopm
  hscrSwim.Enabled = True
  hscrSwim_Change                                   '调用游泳赛程的正常进度
  i = 1                                             '此变量i用来标识不同赛程
  If hscrSwim.Value = hscrSwim.Max Then             '完成游泳项目后才能开始进行公路自行车赛程
    hscrBike.Enabled = True
    hscrSwim.Enabled = False
    If i = 1 Then MsgBox "开始进入第 2 阶段的比赛，请输入公路自行车项目的时间", , "第 2 赛程：
    公路自行车"
    txtBikeh.SetFocus
    hscrBike_Change                                 '调用公路自行车赛程的正常进度
    i = 2
    If hscrBike.Value = hscrBike.Max Then           '完成公路自行车项目后才能开始进行跑步赛程
      hscrBike.Enabled = False
      hscrSwim.Enabled = False
      hscrRun.Enabled = True
     If i = 2 Then MsgBox "开始进入第 3 阶段的比赛，请输入跑步项目的时间", , "第 3 赛程：跑步"
      hscrRun_Change                                '调用跑步赛程的正常进度
    End If
  End If
End Sub
```

（4）在各项赛程对应的事件过程中，至少要依次满足两个条件才能执行程序：

① 每项赛程的“当前时间”对应的文本框输入非空数据且输入数据要符合 24 小时制，否则出现如图 2.11 所示的“时间输入错误”提示框，焦点回到对应的“当前时间”文本框中。该条件判断为：

```
If h1 <> "" And m1 <> "" And Len(h1) = 2 And Len(m1) = 2 And (Val(h1) < 24 And Val(h1) >= 0) And
(Val(m1) <= 59 And Val(m1) >= 0)
```

② 当各项赛程的当前时间要在开始时间与该项对应截止时间之内滚动条才能有效，否则，出现如图 2.12 所示的“超时”提示框，焦点回到对应的“当前时间”文本框中，参考代码如下：

```
If ts1 >= ts And ts1 <= ts2 Then                    '在规定时间内完成游泳才有效
    hscrSwim.Enabled = True
    prgSwim.Value = hscrSwim.Value
    Label2.Caption = "第 1 阶段：游泳（Swim：2*1.9km=3.8km）" + vbCrLf + "当前已经完成：" +
Format(Str(hscrSwim.Value / 100), "0.00") + "公里"
  If hscrSwim.Value = hscrSwim.Max Then Command1.Caption = "再按一次查看公路自行车赛程
  的比赛进度"
  Else
    MsgBox "已经超出赛程规定的游泳项目时间，请重新输入时间", , "超时"
    txtSwimh.Text = ""
```

```
        txtSwimm.Text = ""
        txtSwimh.SetFocus
      End If
    Else
      MsgBox "请先按 24 小时制输入游泳项目的当前时间，格式如 08:30", , "时间输入错误"
      txtSwimh.Text = ""
      txtSwimm.Text = ""
      txtSwimh.SetFocus
    End If
```

实验 6.4　利用时钟控件，设计一个实现简单移动动画效果的应用程序。运行界面如图 6.9 所示。

【要求】

（1）用时钟控制按钮从初始运行界面的位置向右下移动，当超出窗体后将按钮重新设置到某一可见的位置，继续按原规律移动，如图 6.9（a）所示。

（2）用时钟控制 8 个图片框实现从右往左连续循环移动的动画效果，如图 6.9（b）所示。

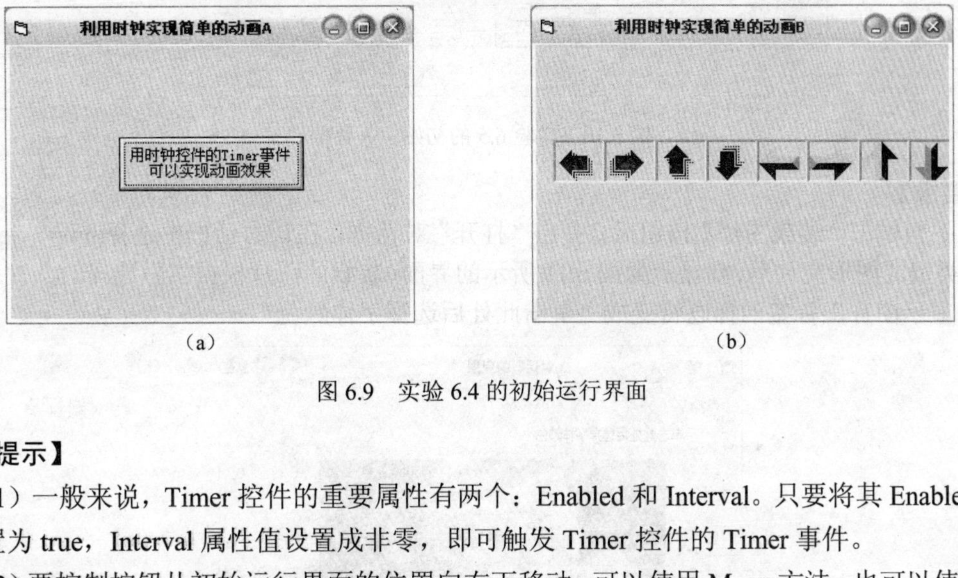

（a）　　　　　　（b）

图 6.9　实验 6.4 的初始运行界面

【提示】

（1）一般来说，Timer 控件的重要属性有两个：Enabled 和 Interval。只要将其 Enabled 属性值设置为 true，Interval 属性值设置成非零，即可触发 Timer 控件的 Timer 事件。

（2）要控制按钮从初始运行界面的位置向右下移动，可以使用 Move 方法，也可以使用 Left 和 Top 属性的方法。当然，要用 If 双分支结构控制按钮超出窗体后重新返回窗体。

```
Private Sub Timer1_Timer()
  If Command1.Left > Form1.Width Or Command1.Top > Form1.Height Then
    Command1.Left = 100
    Command1.Top = Top + 100
  Else
    Command1.Left = Command1.Left + 200
     Command1.Top = Command1.Top+ 200
  End If
End Sub
```

（3）要控制 8 个图片框连续循环移动，建议在 Form_Load()事件过程中使用控件数组

Picture1(i)装载图片；然后在 Timer 事件中使用循环语句控制图片框的 left-100，当 Picture1.Left<0 时，将 Picture1(i).Left = Form1.Width，这样即可达到 8 个图片框从右往左连续循环移动。

当然，实验者也可以根据自己的喜好装载图片，减少或增加 Interval 的属性值，使得图片框移动的速度加快或减慢。

实验 6.5 设计一个应用对话框的简单应用程序，运行初始界面如图 6.10 所示。

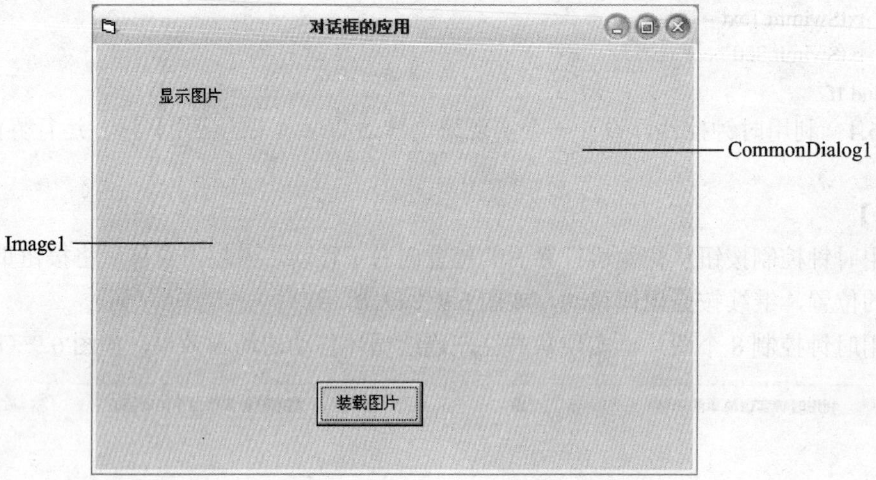

图 6.10 实验 6.5 的初始运行界面

【要求】

（1）当单击“装载图片”按钮后，弹出“打开”对话框，在该对话框中选择.bmp、.jpg、.gif 或.ico 类型的图形文件后，则显示如图 6.11 所示的界面（装载的图片根据实际选择的文件确定），同时“显示图片”标签的标题将变成“单击此处后选择字体颜色”。

图 6.11 单击按钮后显示图形文件

（2）单击“单击此处后选择字体颜色”标签后，弹出“颜色”对话框，选择其中某一种颜色后，该标签标题将会根据实际所选颜色而改变。

【提示】

（1）只需要在设计时添加一个对话框控件（如 CommonDialog1），然后通过代码来控制它的 Action 属性值（或改变其 ShowOpen 方法为 ShowColor 方法）即可。

（2）只要对对话框的 Filter 属性加以设置，就可以控制“打开”对话框中文件的显示类型为.bmp、.jpg、.gif 或.ico 类型的图形文件。如：

```
CommonDialog1.Filter = "所有文件（*.*）|*.*|位图文件（*.bmp）|*.bmp|其他图形文件|*.jpg;*.gif;*.ico"
```

当然，可以同时设定对话框的 FilterIndex 属性值来设置“打开”对话框默认的文件为某一类型。

实验 6.6　应用滑块设计一个简单的应用程序。

【要求】

（1）程序的初始运行界面如图 6.12 所示。

（2）当鼠标拖动“字体大小”或“字体颜色”滑块时，文本框中文字的大小或颜色将会相应地改变。此处要求文字的颜色在红色范围内改变。运行界面如图 6.13 所示。

图 6.12　实验 6.6 的初始运行界面

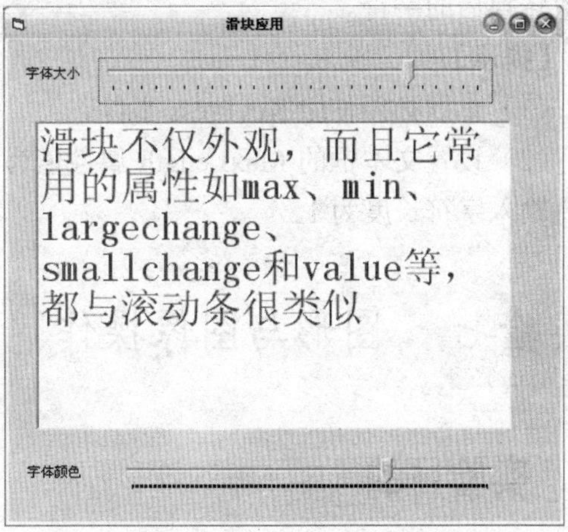

图 6.13　移动滑块后的运行界面

【提示】

（1）字体大小滑块的 Min、Max、LargeChange 和 SmallChange 的属性值分别设置为 6、32、6 和 1；字体颜色滑块的 Min、Max、LargeChange 和 SmallChange 的属性值分别设置为 15、255、40 和 1。

（2）文字颜色的红色范围内改变，可以用以下语句实现：

```
Txt.ForeColor = RGB(Sld2.Value, 0, 0)
```

实验 6.7　利用 SSTab 控件设计一个如主教材中例 6.8 的简单应用程序。

【要求】

按照主教材例 6.8 的运行界面要求，完成所有代码，即分别单击“花草”、“昆虫”、“狗”、“鸟”和“其他”这 5 个选项卡的列表框中的各个选项，显示对应的“浏览图”。

【提示】

（1）在 Form_Load()事件过程中，添加“昆虫”、“狗”、“鸟”和“其他”这 4 个选项卡列表框中的项目，在各个选项卡中“代表图”的 Image 控件数组中装载对应的图片，并且设置其 Visible 属性值为 false。

（2）在各个列表框的 Click 事件中，用循环结构控制当前列表框所选定项目对应的 Image 控件数组元素的 Visible 属性值为 true，此时，“详细图”图像框中将显示所需图片。

代码与主教材例 6.8 类似，此处省略。

实验 6.8 实现使用鼠标在窗体上简单绘画的功能。编写如主教材例 6.16 的简单应用程序。

实验 6.9 制作一个与键盘属性相关的应用程序。程序的初始运行界面如图 6.14 所示。

【要求】

（1）限制第一个文本框只能输入一个字符。

（2）输入字符后按回车键确定，在第二个文本框中显示该字符对应的 ASCII 码。

（3）在第三个文本框中显示将该字符使用 Asc() 函数转换后的字符。

【提示】

（1）本题必须使用 KeyPress 事件。

（2）设置文本框的 MaxLength 属性值为 1 即可限制输入字符长度为 1。

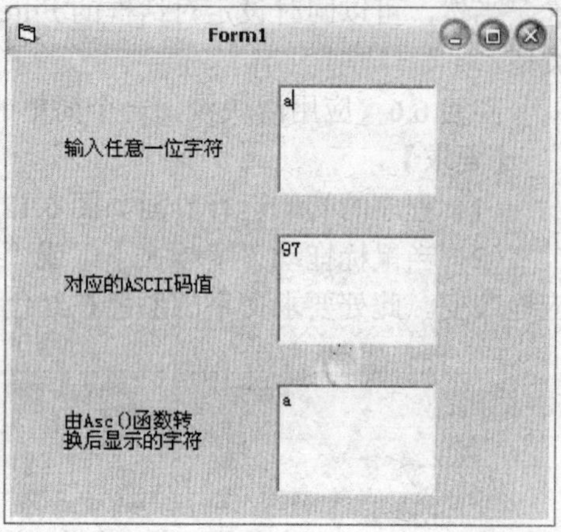

图 6.14 实验 6.9 运行界面

实验七 图形与图像操作

一、实验目的

1. 了解 VB 的图形功能。
2. 掌握图形坐标系建立的方法。
3. 掌握绘图的基本属性。
4. 掌握常用的图形控件。
5. 掌握常用的图形方法。
6. 了解图形图像的常见应用。

二、实验内容

实验 7.1 新建一个包含一个窗体的工程，完成满足以下条件的代码编写，最终结果见图 7.1。

【要求】

（1）在窗体中建立自定义坐标系（用两种方法定义）。

（2）窗体坐标系的左上角坐标为(–7,7)，右下角的坐标为(7,–7)，给 *X* 轴和 *Y* 轴标上刻度。

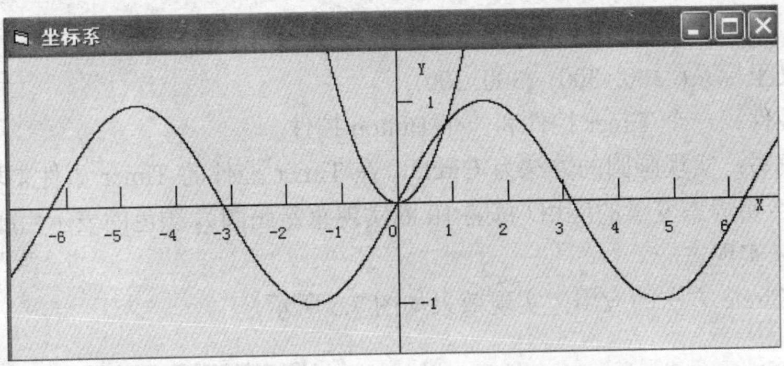

图 7.1　实验 7.1 坐标系及绘图展示

（3）绘制 $Y=X^2$ 以及 $Y=\mathrm{Sin}(X)$的曲线图。

【提示】

（1）采用 Scale 方法或者设置对象的 ScaleTop、ScaleLeft、ScaleWidth 以及 ScaleHeight 4 个属性的方法来自定义坐标系。

（2）用 CurrentX 和 CurrentY 属性设置输出位置坐标，用 Line 方法画坐标系。

（3）用 Pset 方法画点形成函数图形。

实验 7.2　编写程序实现效果：（1）通过改变 DrawStyle 属性值实现在窗体上画不同的线型；（2）通过改变 DrawWidth 属性值画一系列宽度递增的直线。最终效果见图 7.2。

实验 7.3　编写程序实现效果：每单击窗体一次就绘制一条线宽不定、线长不定和颜色不定的线段，效果见图 7.3。

【提示】

（1）不定线型、线宽和颜色可以联合使用 Randomize()和 Rnd()函数达到效果。

（2）线宽用 DrawWidth 属性值设定，颜色用颜色函数（RGB()或 QBcolor()）实现。

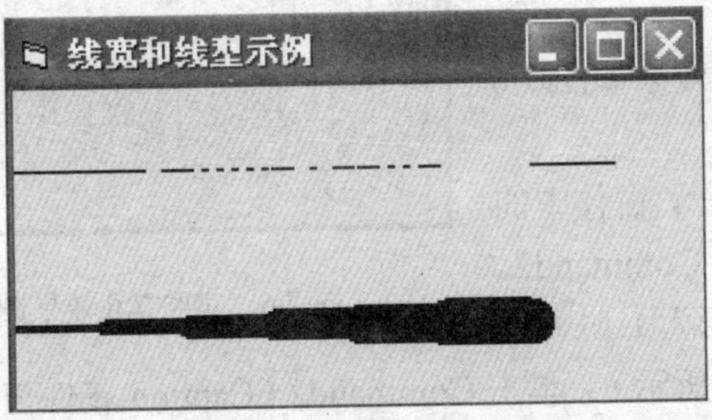

图 7.2　实验 7.2 示例

图 7.3　实验 7.3 示例

实验 7.4　编写程序满足以下功能：程序运行时单击命令按钮（Caption 属性值为“显示”）后，每隔 0.5 s 在窗体上画一个圆，这些圆为同心圆，半径由小到大逐渐变化（20、40、60、80…），线条由细变粗，同时改变圆的颜色。当画了 10 个圆以后，清除所有圆，再从圆心重新开始画圆。效果图如图 7.4 所示。

【提示】

（1）自定义坐标系(–300,–300)–(300, 300)。

（2）建立控件：一个 Timer 控件和一个 Button 控件。

（3）代码编写：实现画圆的方法为 Circle，在 Timer 控件的 Timer 事件中填写代码实现动画。注意 Static 声明静态变量的应用（每隔 10 圈实现重新画圆）。颜色的表示由颜色函数（RGB() 或 QBcolor()）来实现。

实验 7.5 Circle 方法的应用，实现效果如图 7.5 所示。

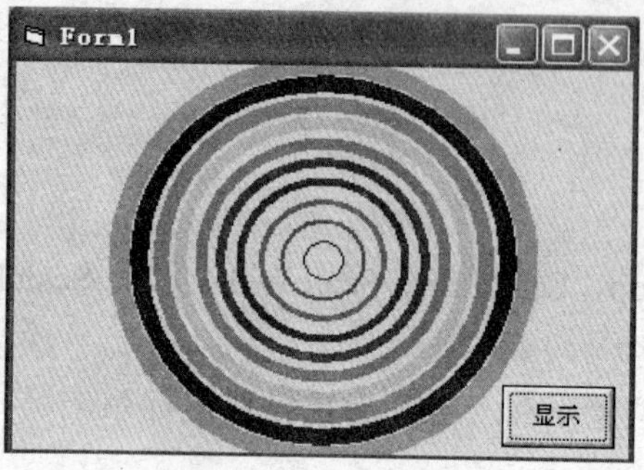

图 7.4 实验 7.4 效果图

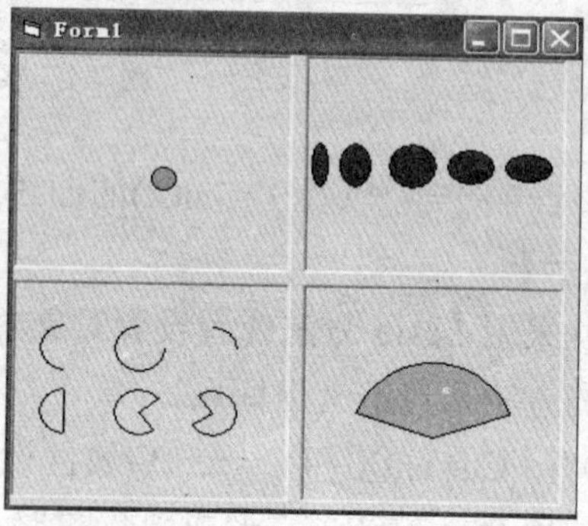

图 7.5 实验 7.5 效果图

【提示】

（1）在窗体上建立 4 个 Picture 对象，在各个对象中实现某种图形的绘制。

（2）Circle 方法的用法如下：

对象名.Circle [Step]（X, Y），半径，[，[颜色][，起始角][，终止角][，长短轴比率]]

其中：（X, Y）是圆、椭圆或弧及扇形的圆心坐标。Step 表示采用当前坐标位置的相对值。

实验 7.6 Point 方法应用：字体仿真，实现效果如图 7.6 所示。

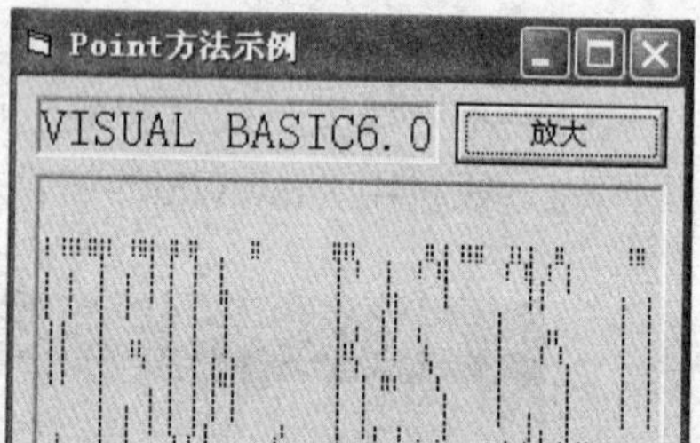

图 7.6 实验 7.6 效果图

实验 7.7 编程实现：运行界面如图 7.7 所示，窗体中的控件名称分别为 Timer1、Label1、Command1、Command2。单击 Command1（Caption 属性值为“滚动图形”）时，在窗体中从左到右滚动显示一个圆（如图 7.7（a）所示）；单击 Command2（Caption 属性值为“滚动文本”）时，在窗体中从右到左滚动显示一行文本（如图 7.7（b）所示）。

实验 7.8 编程实现：运行界面见图 7.8，要求如下：单击“画射线”命令按钮，背景图片消失，同时显示 100 条以坐标（0，0）开始的随机射线，射线颜色也是随机的，如图 7.8 所示。单击“装载图片”命令按钮，将清除屏幕射线，加载背景图片，如图 7.8（b）所示。

实验 7.9 编程实现：先自定义坐标系，并在坐标系上标上坐标值，然后在自定义的坐标系中绘制阿基米德螺线。效果见图 7.9。

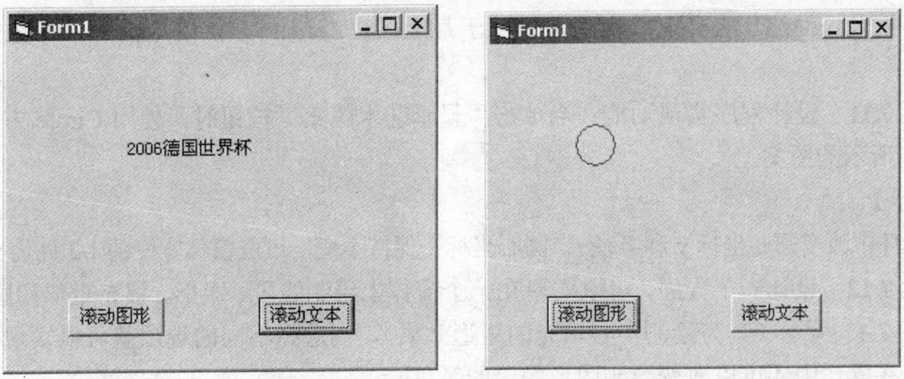

（a）　　（b）

图 7.7　实验 7.7 运行效果图

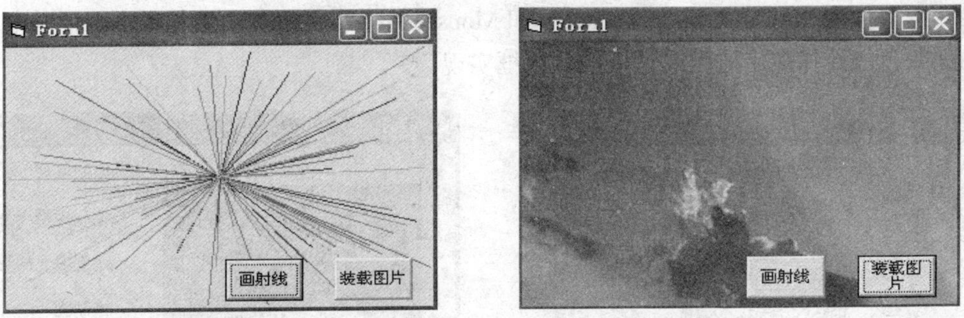

（a）　　（b）

图 7.8　实验 7.8 效果图

【提示】

阿基米德螺线的参数方程为：x=cos(A)，y=sin(A)，用 Pset 方法实现轨迹的描绘。

实验 7.10　图形层控制，Zorder 方法的使用。设计程序，运行效果如图 7.10 所示，单击控件数组 Button 的各个控件数组元素，相应的控件数组元素浮于最上面。

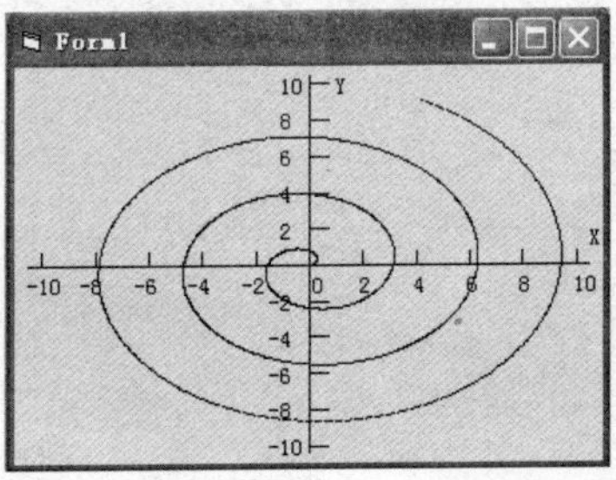

图 7.9　实验 7.9 效果图

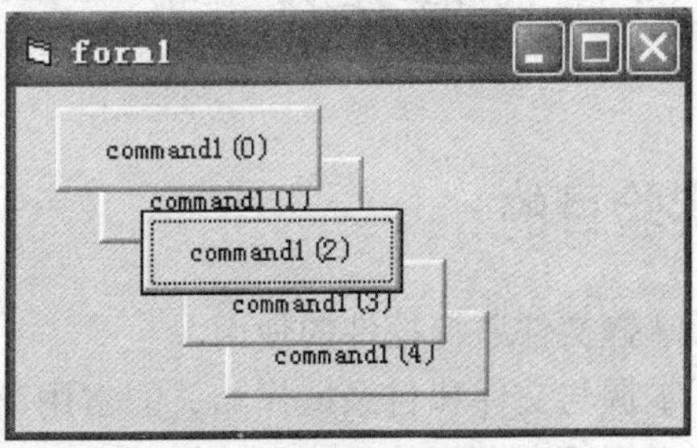

图 7.10　实验 7.10 效果图

【提示】

（1）在窗体上建立一个 Button 控件，并设其 Index 属性值为 0。

（2）用 Load 方法装载控件，生成控件数组。装载控件的方法为：Load 对象名。

（3）用 Zorder 方法实现单击的按钮浮于最上层。Zorder 方法的用法为：对象名.Zorder [position]。

实验 7.11 设计程序实现功能：当单击“显示艺术图案”按钮时，使用 Circle 方法绘制出如图 7.11 所示的图案。

【提示】

在循环中改变圆心坐标 y 和半径 r，圆心坐标 x 保持不变，可取窗体宽度的 1/2 处为 x 坐标。

实验 7.12 设计一个程序，可以实现在一个窗体上绘制线段、矩形、填充矩形和圆的操作，效果如图 7.12 所示（其为绘制实心填充的矩形效果），当选择不同的选项就可以实现相应的图形绘制，在操作中还可以改变绘制图形的笔的颜色。

【提示】

（1）根据单选按钮选择判断所要绘制的图形类型。

（2）用窗体的 MouseDown、MouseUp 和 MouseMove 事件编程实现相应图形的绘制。

（3）颜色的选择应用通用对话框的颜色框实现。

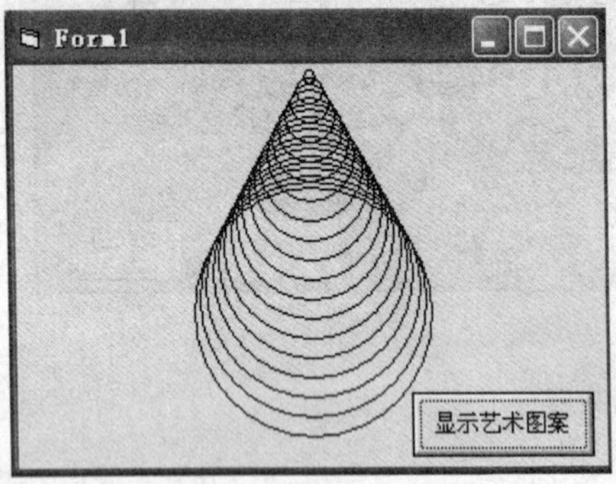

图 7.11 实验 7.11 效果图

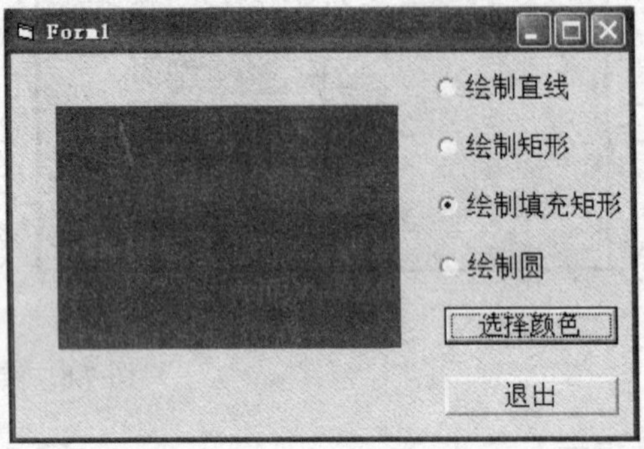

图 7.12 实验 7.12 效果图

实验八 文件操作

一、实验目的

1. 掌握文件系统控件的使用。
2. 掌握与文件和目录操作相关的常用语句及函数。
3. 掌握顺序文件的打开、关闭和读写操作。
4. 了解随机文件及二进制文件的打开、关闭和读写操作。

二、实验内容

实验 8.1 建立一个简单的文件浏览器。初始运行界面如图 8.1 所示。

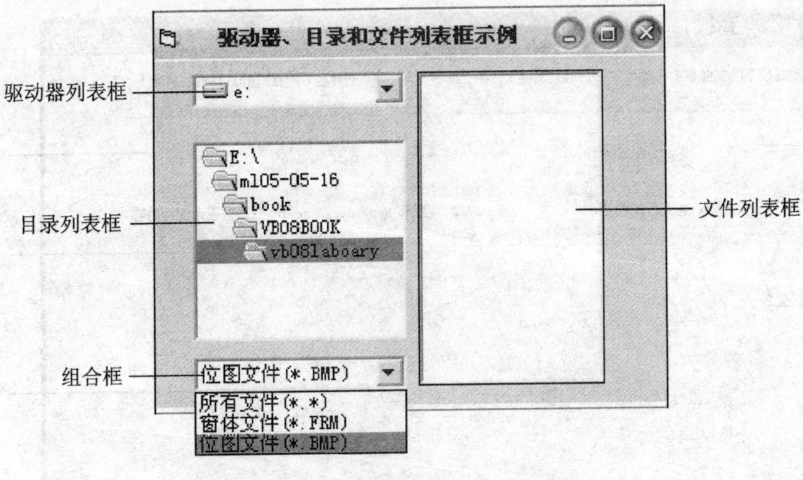

图 8.1 实验 8.1 的初始运行界面

【要求】

（1）程序的初始运行如图 8.1 所示，要求显示包含所有文件类型（*.*）、窗体文件（*.frm）和工程文件（*.vbp）三种类别的文件。

（2）单击驱动器列表框时，目录列表框中显示对应于该驱动器下的所有目录，选择某一目录，则文件列表框中将显示对应目录下组合框中指定文件类型的所有文件，运行界面如图 8.2 所示。

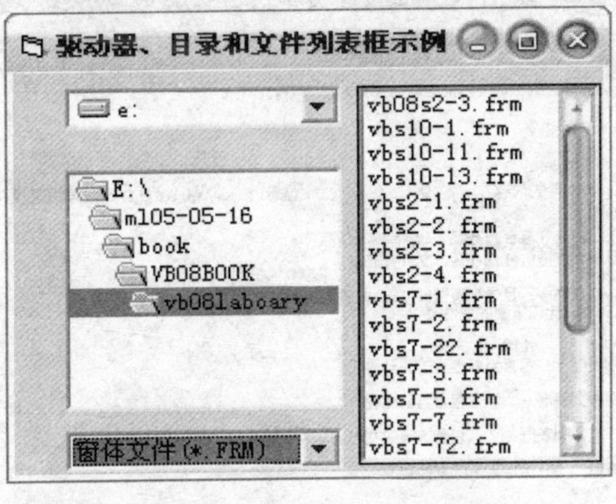

图 8.2 实验 8.1 的运行界面

【提示】

（1）注意编写代码时要确保三者路径同步（参看主教材的例 8.3）。

（2）单击文件列表框中的某一文件名，并不能打开该文件，必须相应编写代码才能实现。

实验 8.2 建立某一个简单的应用程序，掌握顺序文件的打开、读写和关闭操作。

【要求】

（1）程序的初始运行界面如图 8.3 所示。

（2）单击 Command1 按钮时，系统将弹出“文件”对话框，选择某一文件后，Text1 和 Text2 文本框中将分别显示所选择文件的绝对路径和文件名。

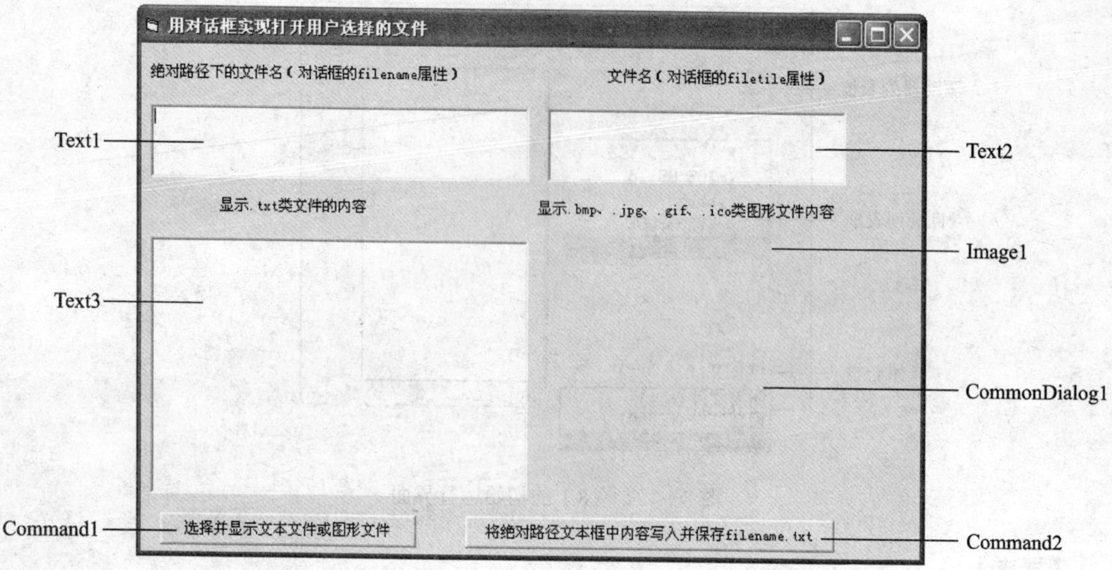

图 8.3　实验 8.2 的初始运行界面

（3）当选择文本文件（*.txt）时，Text3 文本框中将显示对应文本文件的内容，运行效果如图 8.4 所示。

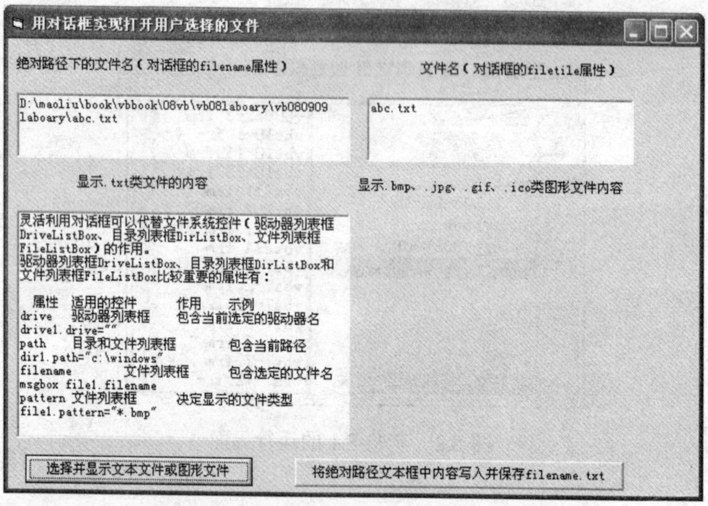

图 8.4　选择文本文件后的运行界面

选择图形文件（*.gif、*.ico、*.bmp 或*.jpg）时，Image1 图像框中将显示该图形。运行效果如图 8.5 所示。

当选择以上两类文件以外的文件类型，将出现如图 8.6 所示的提示框。

（4）单击 Command2 按钮时，若 Text1 文本框的内容为空，系统将出现如图 8.7 所示的提示框；否则将该文本框中内容保存在文件 filename.txt 内。

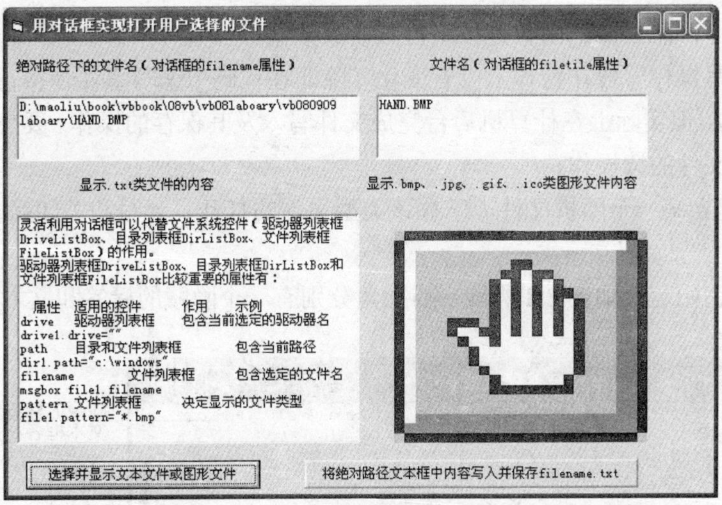

图 8.5 选择图形文件后的运行界面

图 8.6 选择错误的文件类型后出现的提示框

图 8.7 当 Text1 文本框内容为空时单击 Command2 按钮出现的提示框

【提示】

（1）为了使不同扩展名（.gif、.ico、.bmp 或.jpg）的图形文件显示的图形大小一致，必须将 Image1 控件的 Stretch 属性值设置为 true。

（2）文件名有 3 种形式：包含绝对路径的文件名、相对路径下的文件名（含扩展名）、变量。注意：在此语句之前必须对该变量进行赋值，例如：

```
Fname=commondialog1.filename
Open fname for output as #1
⋮
Close #1
```

【注意】

（1）如下代码：

```
text1.text=""
open "myfile.txt" for input as #1
   text1.text=input(LOF(1),1)
close #1
```

是一次性读入文本框的方法，但仅限于不包含汉字文本文件。因为 LOF()函数返回的是以字节为单位的文件大小，而 Input()函数是按字符数读取数据。

（2）文件的写操作一般在窗体上没有变化（除非在代码中编写事件使得窗体上某些指定控件的外观有变化），但实际上在计算机后台完成文件写入及其保存的操作。要想查看该文件的内容，就必须使用文件的读操作。

实验 8.3 建立某一个随机文件，掌握该类型文件的打开、读写和关闭操作。

【要求】

（1）程序的初始运行如图 8.8 所示。右上角分别有一个隐藏的标签和文本框。

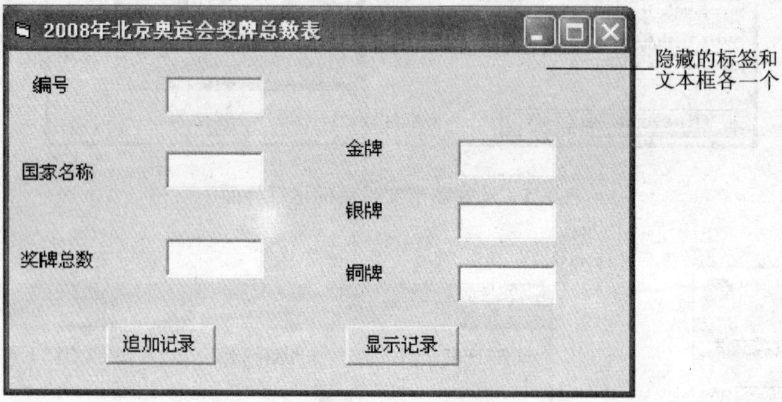

图 8.8 实验 8.3 初始运行界面

（2）在图 8.8 所示的界面中，每输入一条记录内容后，单击“追加记录”按钮，隐藏的标签和文本框分别显示为“上一条的记录号为”和实际的记录号（即 val(编号)），运行界面如图 8.9 所示。

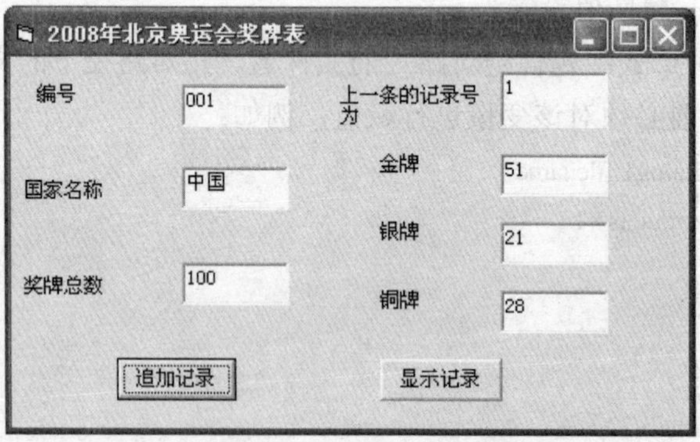

图 8.9 实验 8.3 运行界面

（3）继续在图 8.8 所示的界面输入记录，重复（2），如图 8.10 所示。

（4）如果需要查看之前一条的记录，单击“显示记录”按钮，运行界面如图 8.11 所示。

图 8.10　实验 8.3 中继续输入内容的运行界面

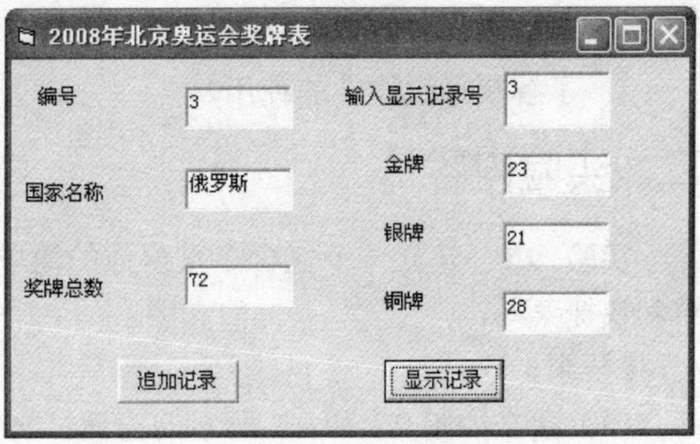

图 8.11　实验 8.3“显示记录”运行界面

【提示】

（1）要建立标准模块文件.bas，并且在该模块中定义记录类型，参考代码如下：

```
Type jp
   bh As Integer
   gm As String * 20
   zs As Integer
   jp As Integer
   yp As Integer
   tp As Integer
End Type
```

（2）要想将文本框的内容写入随机文件 jpb.bat 中，首先要在工程文件中通用声明段中添加

```
Dim phb As jp, n As Integer
```

然后，在“追加记录”按钮事件过程中，参考代码除了主教材例 8.9 中的代码部分，还需要添加如下代码：

```
With jp
     phb.bh = Text1(0).Text
     phb.gm = Text1(1).Text
     phb.zs = Text1(2).Text
     phb.jp = Text1(3).Text
     phb.yp = Text1(4).Text
     phb.tp = Text1(5).Text
End With
```

从随机文件 jpb.bat 中读出该文件内容到对应的文本框中显示，则“显示记录”按钮部分的代码完全类似于主教材例 8.9 的 Private Sub Command2_Click()代码。

实验九　界面设计

一、实验目的

1．掌握多重窗体的设计方法。

2．掌握窗口菜单、下拉菜单和快捷菜单的设计。

3．了解工具栏控件的使用。

4．了解状态栏控件的使用。

二、实验内容

实验 9.1 建立一个包含多重窗体的简单应用程序，其中一个窗体含有窗口菜单、下拉菜单和快捷菜单。

【要求】

（1）建立如图 9.1 和 9.2 所示的窗体。文件名分别为 vbs9-1.frm 和 vbs9-2.frm，保存在同一工程文件中。

图 9.1 欢迎界面

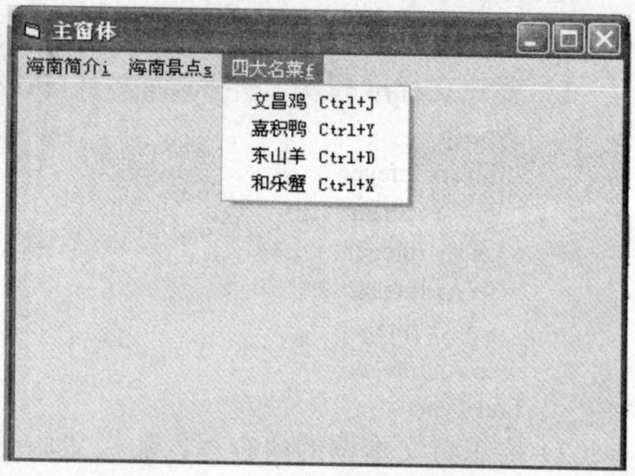

图 9.2 主窗体的运行界面

（2）图 9.1 所示窗体中的欢迎词有简单的动画效果：标签“有朋自远方来 不亦乐乎 海南欢迎您！”的颜色和字体自动变换；同时，标签“Welcome to HaiNan”自右向左循环移动。

（3）单击图 9.1 所示窗体中的“进入”按钮，“Welcome to HaiNan！”窗体隐藏，显示如图 9.2 所示的窗体。该窗体上有主菜单，要求有热键，各菜单项的下拉菜单及其快捷键的设置如图 9.3 所示。且右击主窗体将弹出“四大名菜”菜单（含下拉菜单项），如图 9.4 所示。

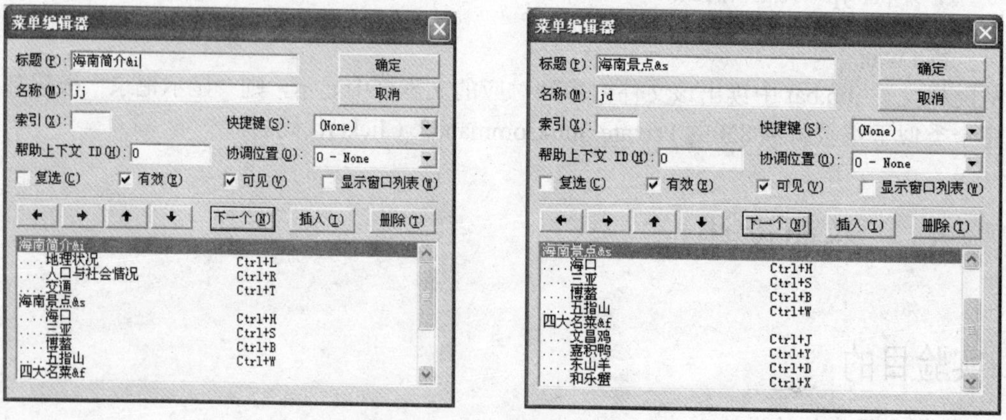

图 9.3 各菜单项的下拉菜单及其快捷键的设置

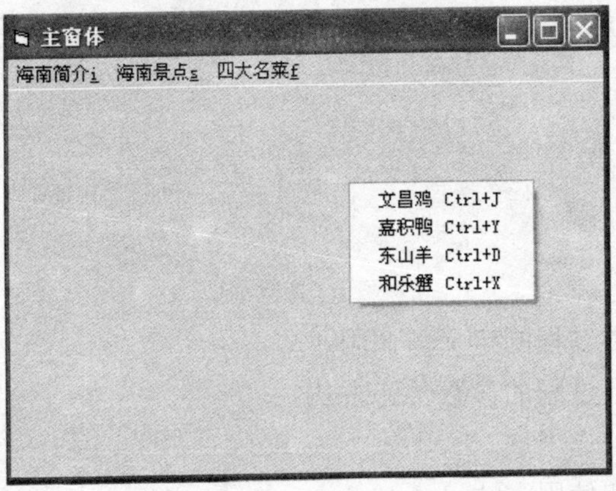

图 9.4 右击窗体显示的弹出菜单

【提示】

（1）要实现要求（2）中的简单动画效果，参考代码如下：

```
Private Sub Timer1_Timer()
    Label2.FontSize = Int(Rnd * 20 + 5)
    Label2.ForeColor = Int(Rnd * 255)
    Label1.Left = Label1.Left - 500
    If Label1.Left + Label1.Width <= 0 Then Label1.Left = Form1.Width
End Sub
```

（2）弹出菜单与下拉菜单、窗口菜单的都在菜单编辑器中建立，但还有两点不同：一是要将它的菜单名的 Visible 属性值设置为 False（即在菜单编辑器内不选中“可见”复选框），二是用 PopupMenu 方法来显示弹出菜单（使用此方法时会忽略 Visible 属性的设置）。

【注意】

弹出菜单必须至少有一个子菜单，否则，将弹出如图 9.5 所示的对话框。

图 9.5 右击窗体显示的提示对话框

实验 9.2 参看主教材的例 9.3，建立一个包含工具栏的应用程序。

实验 9.3 参看主教材的例 9.4，建立一个包含状态栏的应用程序。

实验十 过程

一、实验目的

1．掌握子过程和函数过程的定义与调用。
2．掌握子过程和函数过程的参数传递方式。
3．掌握变量和过程的作用域。
4．掌握递归的概念和使用方法。
5．掌握值传递与地址传递的概念及区别。
6．了解递归概念及其使用。

二、实验内容

实验 10.1 编写一子过程 delstr(S1$，S2$)，将字符串 s1 中出现的 s2 子字符串删除，结果存放在 s1 中。主调程序分别用文本框接收 s1 和 s2，运行界面如图 10.1 所示。

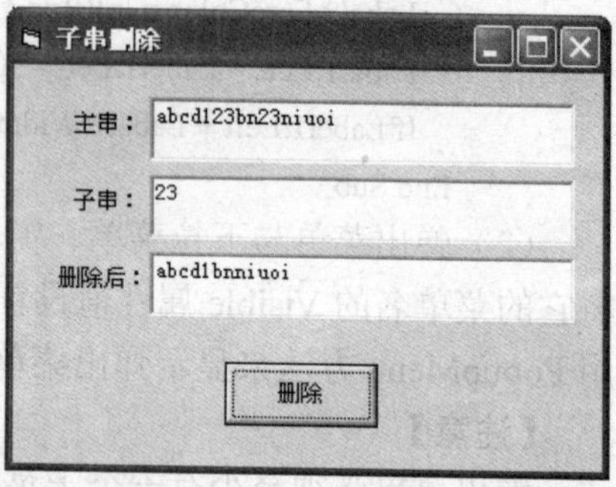

图 10.1 实验 10.1 运行界面

【提示】

（1）为删除子串，首先要利用 Instr()函数查找子串，若找到可利用 Left()、Mid()等函数实现子串的删除；由于子串可能多处出现，所以要利用循环考虑删除多个子串的情况。

（2）主程序调用 delstr()子过程时，实参个数和类型要与形参一致。

实验 10.2 编写一子过程 swap(a())，将数组 a 中的各个元素对称交换，即第 1 个与倒数第 1 个交换，第 2 个与倒数第 2 个交换，……主调程序随机产生一个具有 10 个元素的数组，显示数组中各元素；调用 swap 子过程后，再显示数组中各元素的值，运行界面如图 10.2 所示。

【提示】

（1）数组作为子过程的参数，采用的是传址的方式，形参是数组，只需要在数组名后加圆括号表示，不需要给出维数的上界。

（2）对应的实参也只要以数组名和圆括号（可省略）表示，可以通过 Lbound()和 Ubound()函数确定实参数组的下界和上界。

（3）交换数组元素时，若数组中共 n 个元素，只需交换 n\2 次即可，若交换 n 次，则数组仍与原来相同。交换的两个元素的下标之和为 n+1。

实验 10.3 编写一函数 prime(m%)，判断 m 是否是素数，若是，函数返回值为 True，否则为 False。然后调用该函数找出小于 200 的所有素数并显示，如图 10.3 所示。

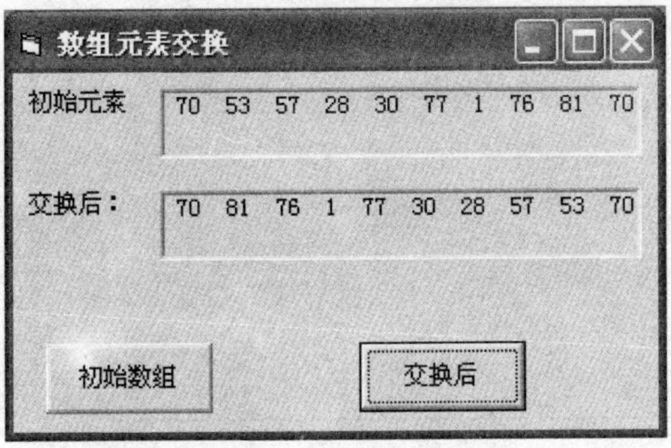

图 10.2　实验 10.2 运行界面

图 10.3　实验 10.3 运行界面

【提示】

函数 prime()定义形式如下：

```
Function prime(n%) As Boolean
    ⋮
End Function
```

实验 10.4　编写一函数 pow(X%,N%)，计算 X^N 的值。

实验 10.5　编写一函数 search(a(),key)，在有序数组 a 中搜索关键字为 key 的元素的所在位置，若找不到则返回–1。在主调程序中产生有序数组（假定其中无重复元素）和待搜索的关键字，然后调用 search()函数求关键字的位置。

实验 10.6　编写递归函数 Fib(n%)计算斐波那契数列，已知该数列的递归关系如下：

$$\begin{cases} f_1 = f_2 = 1 \\ f_n = f_{n-1} + f_{n-2}, \qquad n \geqslant 3 \end{cases}$$

【提示】

编写递归函数时必须有递归结束的条件及结束时的值，能用递归形式表示，并且递归向结束条件发展。

实验 10.7　用递归方法，编写求组合数 C_m^n 的函数。C_m^n 有如下递归形式：$C_m^n = C_{m-1}^n + C_{m-1}^{n-1}$。已知递归条件：

$$\begin{cases} C_m^0 = 1, & n = 0 \\ C_m^1 = m, & n = 1 \\ C_m^n = C_m^{m-n}, & n > \dfrac{m}{2} \end{cases}$$

实验 10.8　编写一字符串加密函数 encode(ch$,x%)，其中 ch 是待加密的字符串，x 为整数。加密方法是：把 ch 的每一个字符的 ASCII 码加上 x，得到的即为加密后的字符串。由于可显示的 ASCII 码值的范围的是（32，126），因此当得到的 ASCII 码值大于 126 时，需减去 95。同理，再编写一个解码函数 decode(ch$,x)。

【提示】

加密过程中，需要使用循环和 Mid()函数将字符串中的每一个字符分离出来，求字符的 ASCII 码值可借助 Asc()函数，再将其转换为字符则使用 Chr()函数。

第二篇 课程设计篇

一、引言

课程设计是理论与实践相结合的产物，是学生将课堂所学知识运用于实际生产生活的模拟实战。传统工科教育中将课堂理论转化为实践的常用方式是实验，实验课程通常采用“一次理论课+一次实验课”的教学模式。教学实践中不难发现该教学模式存在很大的弊端，最明显就是学生掌握知识点分散，没有形成系统。学生知识体系的内部知识点是相互间独立的孤岛，没有建立彼此间的联系，学生学习完本课程只能应对考试，而对于系统性的工作无从下手。造成以上弊端的缘由，一是学生对所学知识点的系统性认识不够，缺乏对具体问题的整体分析能力和知识灵活应用的能力；二是教师没有为学生营造将所学转化为所用的环境。Visual Basic 6.0 课程设计就是以全面提高学生能力为目的，给学生提供一个学习及实践综合锻炼的机会，充分调动学生和教师的积极性。

二、目的及意义

课程设计是将学生课堂所学转化为实践能力的重要环节，也是对学生学习成果的一次全面的检验。通过课程设计，可以达到以下目的。

1．锻炼和提高学生对系统问题的分析能力和对问题细节的掌控能力

解决一个系统问题，首先要对系统进行分析，从系统分析到系统设计的所有环节均需要分析问题的大局观和对问题细节的控制能力。在课堂教学中学生遇到的练习题是既定的，某种程度上易造成思维定势。当解决一个系统问题时，学生不得不从大局着手剖析问题需求，解决各个具体细节。因此课程设计是学生的一次绝佳锻炼机会，能够很好地提高学生对具体系统问题的分析和掌控能力。

2．锻炼和提高学生对课堂所学知识点的综合应用的能力

大问题由小问题组成，解决具体问题要用到课堂所学内容，学生必须对各个知识点非常熟悉，同时还要能够综合应用各个知识点才能完成课程设计。

3．锻炼和提高学生对应用报告的撰写能力

在完成课程设计的过程中，学生还要完成课程设计报告的撰写，这有利于学生今后撰写科技报告和技术文档能力的锻炼和提高。

4．培养自主学习能力和独立创新精神

课程设计本身要求以学生自主解决问题为主，教师的答疑解惑是辅助。相比于传统的“填鸭式”和验证式学习，学生有更大的自主性，同时自主解决问题和自学为主的学习模式也能够激发学生的创新精神，培养创新能力。

5．提高学生和教师的积极性

常规死板的“课堂+实验”的教学模式已经让学生感到厌倦，一种自主的、独立的、学以致用的学习模式能够激发学生更高的学习热情。

传统的教学模式中，教师是计划的制订者、执行者和验收者，工作压力较大。在课程设计阶段，教师的工作侧重于答疑和针对学生所提新问题的探索，这种工作要求在一定程度上也能够激发教师的积极性。

三、课程设计的总体要求

1．选题要求

课程设计的选题要充分体现教、学和实践的统一，寓知识性、应用性、趣味性于一体。以此为目的，本课程所实现的课程设计要求实现一个完整的应用系统，该系统应具有比较丰富的功能，并具有一定的实用性和趣味性，题目名称与内容类型不限，同时要求所选题目在实现上要运用到以下知识点。

- 必选知识点：基本控件、菜单界面、工具栏、多重窗体等。
- 可选知识点：图形操作、文件操作、数据库操作、多媒体技术、API 函数应用等。

以下给出 3 个选题实例供参考，课程设计者可以根据自己的情况选择感兴趣的题目和内容。

（1）迷你娱乐系统

系统的主要功能如下。

① 媒体播放功能：能播放 MP3、WMA 等常见格式的多媒体文件。

② 游戏功能：提供若干小型游戏，如打字游戏、俄罗斯方块等。

③ 日记功能：可供书写和阅读日记。

要求界面为多重窗体形式，可通过菜单、工具栏进行操作，同时包含文件操作和多媒体功能。

（2）微型点菜系统

系统的主要功能如下。

① 菜式浏览功能：分类浏览饭店的所有菜式。

② 点菜功能：点菜、预览菜单、修改菜单。

③ 留言版功能：记录和显示顾客的意见和建议。

④ 抽奖功能：当顾客消费达到指定额度，分档抽取小奖品。

要求界面为多重窗体形式，可通过菜单、工具栏进行操作，同时包含文件操作和数据库功能。

（3）图书管理系统

系统的主要功能如下。

① 用户登录：提供登录界面，管理员凭用户名和密码登录。

② 系统维护：对图书目录的浏览、增删；对读者的浏览、增删。

③ 图书借阅：登记借阅者信息（姓名、借阅证号等）和所借书目信息（书名、编号、作

者等）。

④ 查询：按书名、编号、作者等信息对图书进行查询；按姓名、借阅证号等对读者进行查询。

⑤ 统计：按书名、编号等统计图书的借阅情况（次数、读者等）；按姓名、借阅证号等统计读者的借阅情况（所借书目、日期等）。

结果要求界面为多重窗体形式，可通过菜单、工具栏进行操作，使用 SSTab 高级控件和数据库功能。

2. 作品完成效果要求

课程设计结束时学生必须提交一份作品，该作品是针对选题所做的成品展示，最终的效果除了体现选题要求外，还应满足以下几个基本要求：

（1）作品整体运行良好，基本上不会出现程序代码不能执行的情况。

（2）作品界面友好、美观，视觉效果良好。

（3）对所学知识点要充分利用，达到学和用的统一。

（4）代码执行效率满足要求，算法基本合理。

3. 课程设计报告要求

课程设计报告必须与课程设计作品一同提交，报告格式要基本满足科技报告的格式要求。因为是初次撰写科技论文的报告，要求可以适当放宽，但其中应包含选题背景和意义、系统分析、系统设计、系统实现和结束语等内容。

四、课程设计报告范例

下面给出一个“小小助手”系统的课程设计报告作为范例，它展示了课程设计的整个过程和课程设计报告的撰写规范。

“小小助手”系统课程设计报告

1. 选题背景和意义

本选题是将课堂所学与实际需求相结合的结果。在日常生活中，人们经常用记事本来记录日常生活琐事、朋友的电话号码等，还经常用到计算器进行各种简单的计算，有时还会使用计算机绘制一些简单的图形。本选题将这些常见工作集成到一起，开发一个“小小助手”系统实现各个功能。

本选题具有以下几点意义：

（1）将课堂所学内容应用到了实际的生活中，巩固知识的同时锻炼了自己的动手能力。

（2）锻炼和提高了本人的科技报告写作能力。

（3）激发了本人对 Visual Basic 课程的学习兴趣，同时也提高了本人对计算机的学习兴趣。

（4）通过实践本人认识到科研工作基本功的重要性，在今后其他课程的学习中，一定会更加努力。

2. 系统分析及整体结构设计

本选题要实现的功能如下：

（1）记事本功能：记录某月某日需做何事，能显示、添加和删除事项。

（2）计算器功能：进行较为简单的计算（加、减、乘、除、乘方等）。

（3）电话簿功能：可以添加、删除和检索电话号码。

（4）绘图板功能：能绘制简单图形，并能以 JPG 或者 BMP 格式进行保存。

（5）帮助系统功能：查看帮助系统，可以了解系统的各项功能及使用方法。

总的来看，整个系统中各个模块是彼此相互独立的，可以先实现各个独立模块并最终实现整个系统，设计和实现相对简单。

基于系统的总体分析，本系统的整体结构设计可用如图 1 所示的系统功能框图表示。

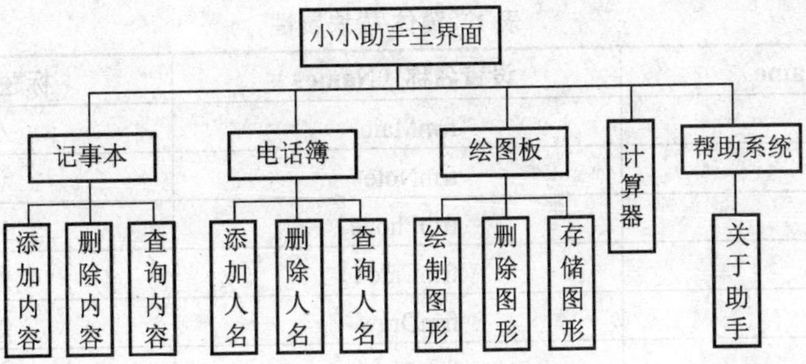

图 1　系统功能框图

3. 系统详细设计及实现

根据系统分析和整体结构设计，以下是各个模块的详细设计和实现。

本系统由六大功能模块组成：主界面、记事本、电话簿、计算器、绘图板和帮助系统。

（1）主界面设计

本系统采用多文档（MDI）界面，父窗体（即主界面）为 frmMain，子窗体分别为 frmNote、frmPhone、frmCalCu、frmDraw 和 frmAbout，标准模块为 mdlDefine，设计效果如图 2 所示。

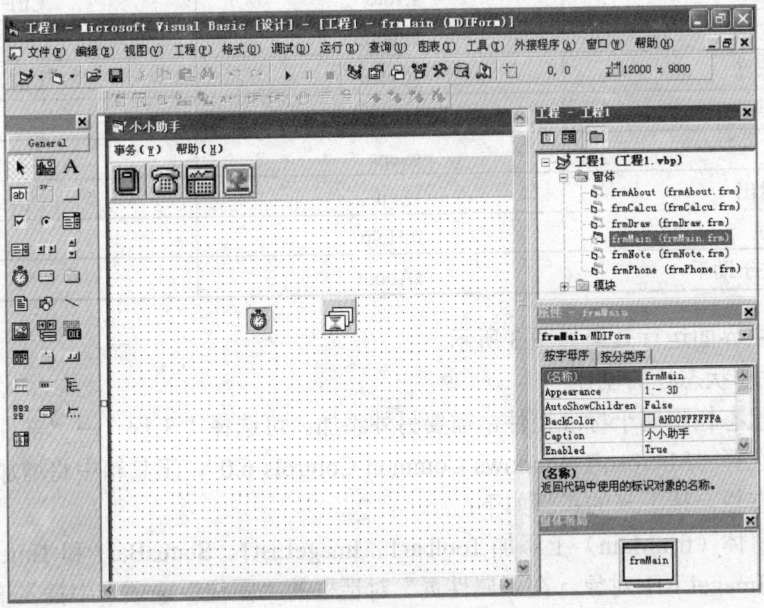

图 2　系统的设计效果

① 工程的创建

步骤如下：

（a）新建一个“标准 EXE”工程。

（b）再添加 4 个子窗体，把 5 个子窗体的 MDIChild 属性值全部设置为 True。

（c）添加 1 个 MDI 窗体作为父窗体。

（d）添加一个（标准）模块。

（e）对所有窗体和模块进行简单的属性设置，如表 1 所示。

表 1 窗体/模块属性

默认名称（Name）	设置名称（Name）	标题（Caption）
MDIForm1	frmMain	小小助手
Form1	frmNote	记事本
Form2	frmPhone	电话簿
Form3	frmCalcu	计算器
Form4	frmDraw	绘图板
Form5	frmAbout	关于助手
Module1	mdlDefine	无定义

② 菜单的创建

通过“菜单编辑器”创建如表 2 所示的主菜单。

表 2 主菜单

标题（Caption）	名称（Name）	快捷键（ShortCut）
事务（&W）	mWork	
…记事	sNote	Ctrl+N
…电话	sPhone	
…计算	sCalcu	Ctrl+A
…绘画	sDraw	
…-	sSepa	
…退出	sExit	Ctrl+Q
帮助	mHelp	
…关于助手	sAbout	

本系统的主界面运行效果如图 3 所示。

③ 工具栏和状态栏的创建

工具栏和状态栏不属于标准控件，需要另外添加。可选择“工程”→“部件”命令，在打开的对话框中选择“Microsoft Windows Common Controls 6.0”，工具箱中将增加 9 个控件，包括工具栏和状态栏。接下来的步骤如下：

（a）在父窗体（frmMain）上添加 Toolbar1、ImageList1、StatusBar1 和 Timer1 控件。

（b）右击 ImageList1 对象，在“属性页”对话框的“图像”选项卡中插入事先准备好的 4 个图像（.ico、.bmp、.jpg 等格式），索引号分别为 1、2、3、4。

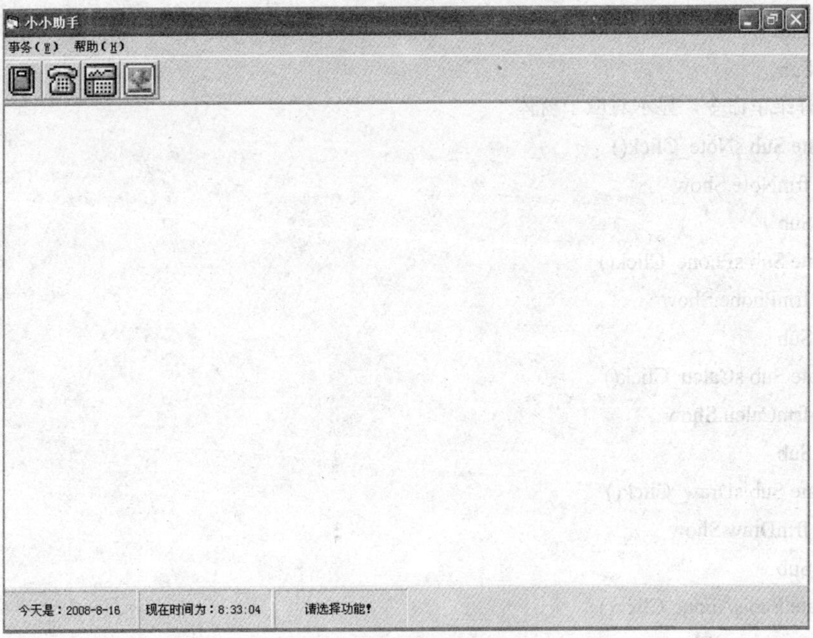

图3　主界面运行效果

（c）右击 Toolbar1 对象，在“属性页”对话框的“通用”选项卡中选择“图像列表”的值为 ImageList1；在“按钮”选项卡中插入 4 个按钮，关键字分别为 tlbNote、tlbPhone、tlbCalcu 和 tlbDraw；图像号分别为 1、2、3、4。

（d）右击 StatusBar1 对象，在“属性页”对话框的“窗格”选项卡中插入 3 个窗格，设置最小宽度为 2000。

（e）在“属性”窗口设置 Timer1 控件的 Interval 属性值为 500。

④ 代码的添加

在父窗体（frmMain）的代码窗口添加以下代码，读者可借助注释加以理解。

```
' 初始化状态栏 3 个窗格中的显示内容
Private Sub MDIForm_Load()
    StatusBar1.Panels(1).Text = "今天是：" & Date
    StatusBar1.Panels(2).Text = "现在时间为：" & Time
    StatusBar1.Panels(3).Text = "请选择功能！"
End Sub
' 用时钟动态显示日期、时间和状态
Private Sub Timer1_Timer()
    StatusBar1.Panels(1).Text = "今天是：" & Date
    StatusBar1.Panels(2).Text = "现在时间为：" & Time
    If frmMain.ActiveForm Is Nothing Then
        StatusBar1.Panels(3).Text = "请选择功能！"
    Else
        StatusBar1.Panels(3).Text = "您正在使用：" & frmMain.ActiveForm.Caption
```

```
        End If
    End Sub
    ' 选择菜单命令，显示对应子窗体
    Private Sub sNote_Click()
        frmNote.Show
    End Sub
    Private Sub sPhone_Click()
        frmPhone.Show
    End Sub
    Private Sub sCalcu_Click()
        frmCalcu.Show
    End Sub
    Private Sub sDraw_Click()
        frmDraw.Show
    End Sub
    Private Sub sAbout_Click()
        frmAbout.Show
    End Sub
    Private Sub sExit_Click()
        End
    End Sub
    ' 单击工具栏按钮，显示对应子窗体
    Private Sub Toolbar1_ButtonClick(ByVal Button As MSComctlLib.Button)
        Select Case Button.Key
            Case "tlbNote"
                frmNote.Show
            Case "tlbPhone"
                frmPhone.Show
            Case "tlbCalcu"
                frmCalcu.Show
            Case "tlbDraw"
                frmDraw.Show
        End Select
    End Sub
```

（2）记事本设计

记事本功能由 frmNote 窗体完成，设计效果如图 4 所示，用到的控件主要有：命令按钮、文本框、组合框和标签，控件的属性设置如表 3 所示。

本模块的设计思路是：在主界面中单击记事本图标后，显示“记事本”窗体。首先在窗体上方的组合框中显示当前日期和时间（年、月、日、时），在下方的文本框中显示当前所有事项。然后用户可以通过上方的组合框、文本框和“添加事项”按钮添加新的事项，也可以通过“删除事项”按钮删掉某些事项，通过“显示事项”按钮显示指定的事项。

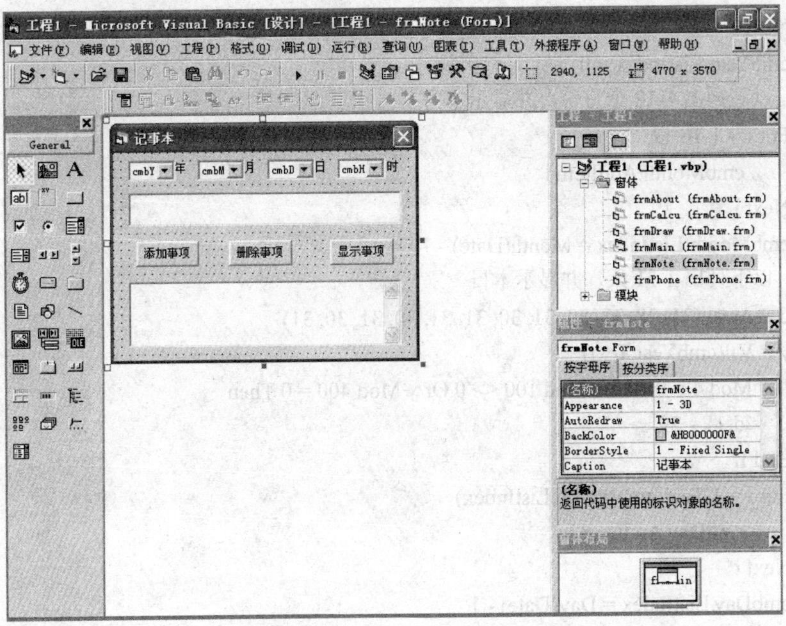

图 4 “记事本”窗体的设计效果

表 3 “记事本”窗体中控件属性

默认名称（Name）	设置名称（Name）	标题（Caption）	文本（Text）	样式（Style）
Command1	cmdAdd	添加事项	无定义	默认值
Command2	cmdDelete	删除事项	无定义	默认值
Command3	cmdDispOne	显示事项	无定义	默认值
Text1	txtInput	无定义	空白	无定义
Text2	txtDisp	无定义	空白	无定义
Combo1	cmbYear	无定义	默认值	2
Combo2	cmbMonth	无定义	默认值	2
Combo3	cmbDay	无定义	默认值	2
Combo4	cmbHour	无定义	默认值	2
Label1	Label1	年	无定义	无定义
Label2	Label2	月	无定义	无定义
Label3	Label3	日	无定义	无定义
Label4	Label4	时	无定义	无定义

本窗体的代码如下。

```
Private Sub Form_Load()
    Dim i As Integer, y As Integer, n As Integer, d As Variant
    Dim t As Task
    ' 以下列出今、明 2 个年份，并显示今年
    For i = 0 To 1
        cmbYear.AddItem Year(Date) + i
```

```
    Next i
    cmbYear.ListIndex = 0
    ' 以下列出 1-12 个月份，并显示本月
    For i = 1 To 12
        cmbMonth.AddItem i
    Next i
    cmbMonth.ListIndex = Month(Date) - 1
    ' 以下列出 1-31 天，并显示本日
    d = Array(31, 28, 31, 30, 31, 30, 31, 31, 30, 31, 30, 31)
    y = Val(cmbYear.Text)
    If y Mod 4 = 0 And y Mod 100 <> 0 Or y Mod 400 = 0 Then
        d(1) = 29
    End If
    For i = 1 To d(cmbMonth.ListIndex)
        cmbDay.AddItem i
    Next i
    cmbDay.ListIndex = Day(Date) - 1
    ' 以下列出 0-23 小时，并显示当前时间
    For i = 0 To 23
        cmbHour.AddItem i
    Next i
    cmbHour.ListIndex = Hour(Time)
    ' 以下显示所有事项，采用随机文件读写方式
    Open App.Path & "\task.dat" For Random As #1 Len = Len(t)
    n = LOF(1) / Len(t)
    i = 1
    Do While i <= n
        Get #1, , t
        txtDisp.Text = txtDisp.Text & Format(i, "00 项    ") & t.intYear & "年" & t.intMonth & "月" &_
    t.intDay & "日" & t.intHour & "时" & t.strContent & vbCrLf
        i = i + 1
    Loop
    Close #1
End Sub
' 选择年份时重新确定二月份的天数
Private Sub cmbYear_Click()
    Dim y As Integer, i As Integer, d As Variant
    d = Array(31, 28, 31, 30, 31, 30, 31, 31, 30, 31, 30, 31)
    y = Val(cmbYear.Text)
    If y Mod 4 = 0 And y Mod 100 <> 0 Or y Mod 400 = 0 Then
        d(1) = 29
    End If
    If cmbMonth.ListIndex = 1 Then      ' 如果是二月份
        cmbDay.Clear
```

```
            For i = 1 To d(cmbMonth.ListIndex)
                cmbDay.AddItem i
            Next i
            cmbDay.ListIndex = 0
        End If
    End Sub
    ' 选择月份时重新确定该月天数
    Private Sub cmbMonth_Click()
        Dim y As Integer, i As Integer, d As Variant
        d = Array(31, 28, 31, 30, 31, 30, 31, 31, 30, 31, 30, 31)
        y = Val(cmbYear.Text)
        If y Mod 4 = 0 And y Mod 100 <> 0 Or y Mod 400 = 0 Then
            d(1) = 29
        End If
        cmbDay.Clear
        For i = 1 To d(cmbMonth.ListIndex)
            cmbDay.AddItem i
        Next i
        cmbDay.ListIndex = 0
    End Sub
    ' 添加事项
    Private Sub cmdAdd_Click()
        Dim n As Single, i As Integer
        Dim t As Task
        Open App.Path & "\task.dat" For Random As #1 Len = Len(t)
        n = LOF(1) / Len(t)                      ' 总记录数
        i = n + 1                                ' 追加第 i 条记录
        t.intYear = Val(cmbYear.Text)
        t.intMonth = Val(cmbMonth.Text)
        t.intDay = Val(cmbDay.Text)
        t.intHour = Val(cmbHour.Text)
        t.strContent = txtInput.Text
        Put #1, i, t
        Close #1
        txtDisp.Text = txtDisp.Text & Format(i, "00 项  ") & t.intYear & "年" & t.intMonth & "月" &_
    t.intDay & "日" & t.intHour & "时" & t.strContent & vbCrLf
        txtInput.Text = ""
        txtInput.SetFocus
    End Sub
    ' 删除事项
    Private Sub cmdDelete_Click()
        Dim i As Integer, n As Integer
        Dim t As Task
        i = Val(InputBox("您要删除哪一项？", "询问"))
```

```
    If i <= 0 Then
        MsgBox "记录号必须大于 0！", vbOKOnly, "警告"
        Exit Sub
    End If
    Open App.Path & "\task.dat" For Random As #1 Len = Len(t)
    n = LOF(1) / Len(t)
    If i > n Then
        MsgBox "记录号大于总记录数！", vbOKOnly, "警告"
        Close #1
        Exit Sub
    End If
    txtDisp.Text = ""
    Open App.Path & "\temp.dat" For Random As #2 Len = Len(t)    ' 打开临时文件
    For j = 1 To i – 1                                ' 复制第 i 条记录前的记录
        Get #1, j, t
        Put #2, , t
        txtDisp.Text = txtDisp.Text & Format(j, "00 项    ") & t.intYear & "年" & t.intMonth & "月" &_
    t.intDay & "日" & t.intHour & "时" & t.strContent & vbCrLf
    Next j
    For j = i + 1 To n                                ' 复制第 i 条记录后的记录
        Get #1, j, t
        Put #2, , t
        txtDisp.Text = txtDisp.Text & Format(j - 1, "00 项    ") & t.intYear & "年" & t.intMonth & "月"_
    & t.intDay & "日" & t.intHour & "时" & t.strContent & vbCrLf
    Next j
    Close #2
    Close #1
    Kill App.Path & "\task.dat"                       ' 删除旧文件
    Name App.Path & "\temp.dat" As App.Path & "\task.dat"    ' 把临时文件更名为旧文件
End Sub
' 显示指定的事项
Private Sub cmdDispOne_Click()
    Dim i As Integer, n As Integer
    Dim t As Task
    i = Val(InputBox("您要显示哪一项？", "询问"))
    If i <= 0 Then
        MsgBox "记录号必须大于 0！", vbOKOnly, "警告"
        Exit Sub
    End If
    Open App.Path & "\task.dat" For Random As #1 Len = Len(t)
    n = LOF(1) / Len(t)
    If i <= n Then
        Get #1, i, t
        MsgBox t.intYear & "年" & t.intMonth & "月" & t.intDay & "日" & t.intHour & "时" &_
```

```
        Trim(t.strContent), vbOKOnly, "温馨提示"
    Else
        MsgBox "记录号大于总记录数！", vbOKOnly, "警告"
    End If
    Close #1
End Sub
' 当输入文本框为空，“添加事项”按钮不可用
Private Sub txtInput_Change()
    If txtInput.Text = "" Then
        cmdAdd.Enabled = False
    Else
        cmdAdd.Enabled = True
    End If
End Sub
```

在标准模块（mdlDefine）中添加 Task 类型的定义代码如下。

```
Public Type Task
    intYear As Integer
    intMonth As Integer
    intDay As Integer
    intHour As Integer
    strContent As String * 50
End Type
```

如图 5 所示是“记事本”窗体的运行效果。

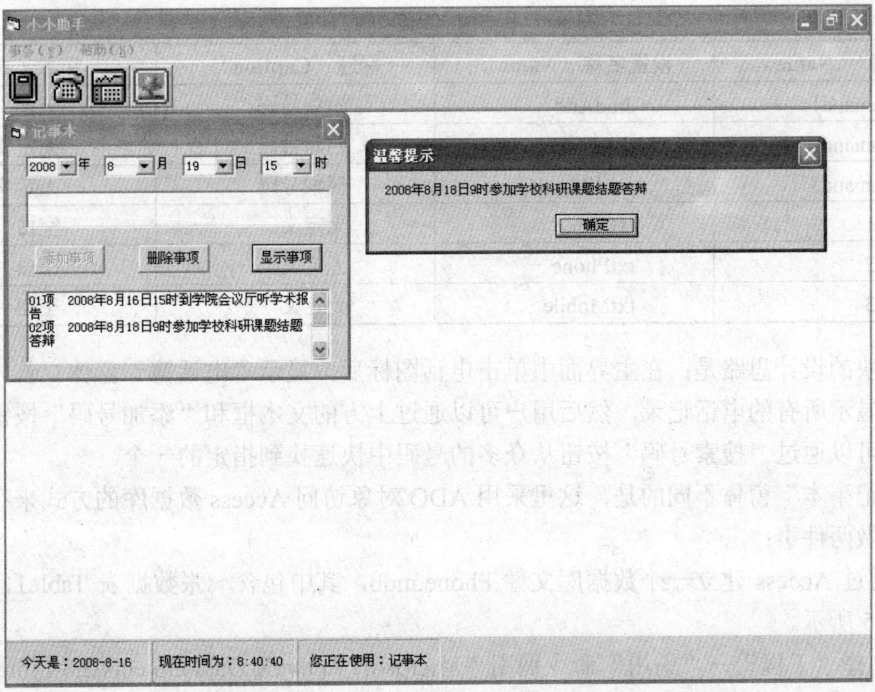

图 5 “记事本”窗体的运行效果

（3）电话簿设计

电话簿功能由 frmPhone 窗体完成，设计效果如图 6 所示，用到的控件主要有：命令按钮、文本框和标签，控件的属性设置如表 4 所示。

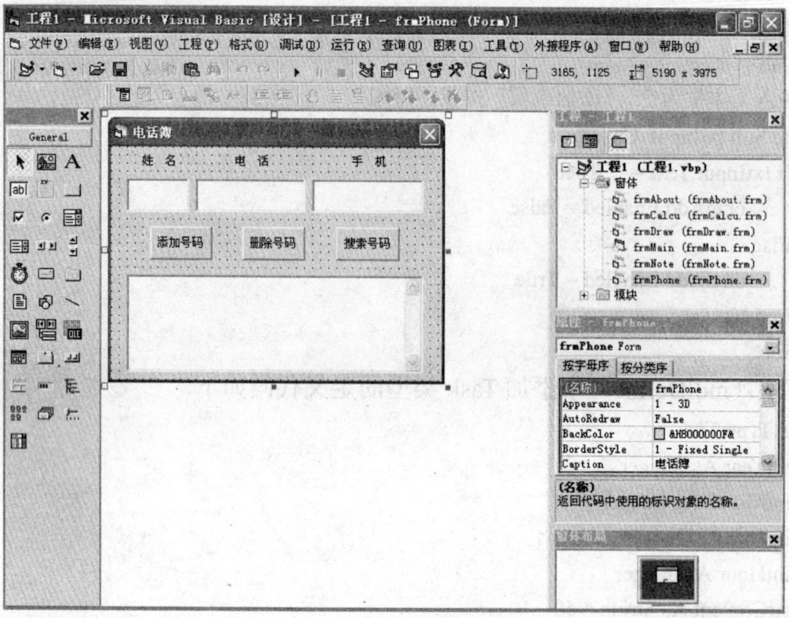

图 6 “电话簿”窗体的设计效果

表 4 “电话簿”窗体中控件属性

默认名称（Name）	设置名称（Name）	标题（Caption）	文本（Text）
Command1	cmdAdd	添加号码	无定义
Command2	cmdDelete	删除号码	无定义
Command3	cmdSearch	搜索号码	无定义
Text1	txtName	无定义	空白
Text2	txtPhone	无定义	空白
Text3	txtMobile	无定义	空白

本模块的设计思路是：在主界面中单击电话图标后，显示“电话簿”窗体。首先在下方的文本框中显示所有的电话记录，然后用户可以通过上方的文本框和“添加号码”按钮添加新的号码，也可以通过“搜索号码”按钮从众多的号码中快速找到指定的一个。

与“记事本”窗体不同的是，这里采用 ADO 对象访问 Access 数据库的方式来存取记录，为此必须做两件事：

① 通过 Access 建立一个数据库文件 Phone.mdb，其中包含一张数据表 Table1，Table1 的结构如表 5 所示。

② 选择“工程”→“引用”命令调用“Microsoft ActiveX Data Objects 2.8 Library”，由该选项支持 ADO 对象的使用。

表 5　Table1 的结构

字 段 名	类 型	宽	字 段 名	类 型	宽
姓名	文本	10	手机	文本	12
电话	文本	15			

本窗体的代码如下。

```
Dim cn As New ADODB.Connection        ' 声明 ADO 的连接对象
Dim rs As New ADODB.Recordset         ' 声明 ADO 的记录集对象
' 窗体加载时，显示所有记录内容
Private Sub Form_Load()
    Dim strCon As String
    Dim i As Integer
    strCon = "Provider=Microsoft.Jet.OLEDB.4.0;Persist Security Info=False;Data Source="_
    & App.Path & "\phone.mdb"         ' 设定连接字符串
    cn.Open strCon                    ' 打开连接对象
    rs.Open "select * from table1", cn, adOpenKeyset, adLockPessimistic '打开记录集对象
    Do While Not rs.EOF               ' 读出所有记录内容
        txtAll.Text = txtAll.Text & rs.Fields(0) & " 电话：" & rs.Fields(1) & " 手机：" & rs.Fields(2)_
        & vbCrLf
        rs.MoveNext
    Loop
End Sub
' 窗体卸载时，关闭记录集和连接对象
Private Sub Form_Unload(Cancel As Integer)
    rs.Close
    cn.Close
End Sub
' 添加记录
Private Sub cmdAdd_Click()
    If txtName.Text = "" Then
        MsgBox "姓名不能为空！", vbOKOnly, "警告"
        Exit Sub
    ElseIf txtPhone.Text = "" Then
        MsgBox "电话不能为空！", vbOKOnly, "警告"
        Exit Sub
    ElseIf txtMobile.Text = "" Then
        MsgBox "手机不能为空！", vbOKOnly, "警告"
        Exit Sub
    End If
    rs.AddNew
    rs.Fields(0) = txtName.Text
    rs.Fields(1) = txtPhone.Text
    rs.Fields(2) = txtMobile.Text
```

```
        rs.Update
        txtAll.Text = ""
        rs.MoveFirst        ' 在下方文本框中重新显示现有记录
        Do While Not rs.EOF
            txtAll.Text = txtAll.Text & rs.Fields(0) & " 电话：" & rs.Fields(1) & " 手机：" & rs.Fields(2)_
        & vbCrLf
            rs.MoveNext
        Loop
        txtName.Text = ""
        txtPhone.Text = ""
        txtMobile = ""
End Sub
' 删除记录
Private Sub cmdDelete_Click()
        Dim strName As String
        strName = InputBox("您想删除哪一位？", "询问")
        If strName = "" Then Exit Sub
        rs.MoveFirst
        Do While Not rs.EOF
            If rs.Fields(0) = strName Then
                rs.Delete
                rs.Update
                Exit Do
            End If
            rs.MoveNext
        Loop
        If rs.EOF Then
            MsgBox "对不起，没有此人的号码！", vbOKOnly, "提示"
            Exit Sub
        End If
        txtAll.Text = ""
        rs.MoveFirst        ' 在下方文本框中重新显示现有记录
        Do While Not rs.EOF
            txtAll.Text = txtAll.Text & rs.Fields(0) & " 电话：" & rs.Fields(1) & " 手机：" & rs.Fields(2)_
        & vbCrLf
            rs.MoveNext
        Loop
End Sub
' 搜索记录
Private Sub cmdSearch_Click()
        Dim strName As String
        strName = InputBox("您想搜索哪一位？", "询问")
        If strName = "" Then Exit Sub
        rs.MoveFirst
```

```
        Do While Not rs.EOF
            If rs.Fields(0) = strName Then
                txtName = rs.Fields(0)
                txtPhone = rs.Fields(1)
                txtMobile = rs.Fields(2)
                Exit Do
            End If
            rs.MoveNext
        Loop
        If rs.EOF Then MsgBox "对不起，没有此人的号码！", vbOKOnly, "提示"
    End Sub
```

如图 7 所示是“电话簿”窗体的运行效果。

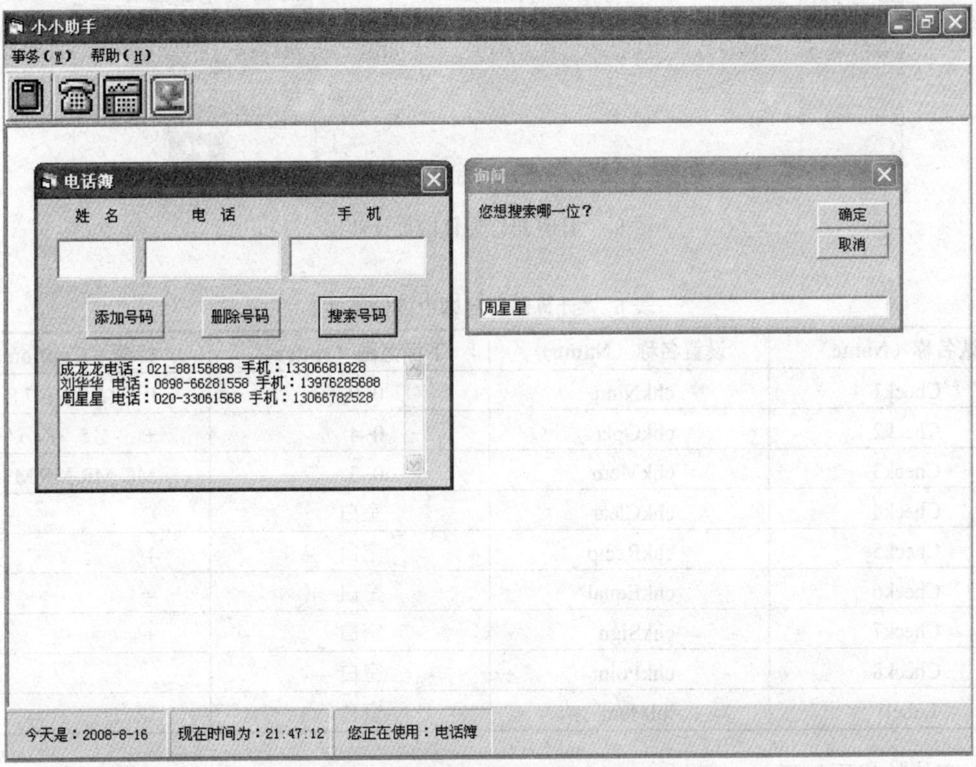

图 7 “电话簿”窗体的运行效果

（4）计算器设计

“计算器”窗体功能由 frmCalcu 窗体完成，设计效果如图 8 所示，用到的控件主要有：文本框、标签和复选框。特别注意的是，这里用复选框代替命令按钮实现计算器的按键，这是因为复选框的标题（Caption）可以自由设置字体颜色，而标准命令按钮则不能（除非选用 Microsoft Forms 2.0 Object Library 中的按钮）。控件的属性设置如表 6 所示。

本模块的设计思路是：模仿 Windows 2000/XP 中的计算器（标准型），能进行加、减、乘、除、乘方和倒数运算，并能暂存中间计算结果。

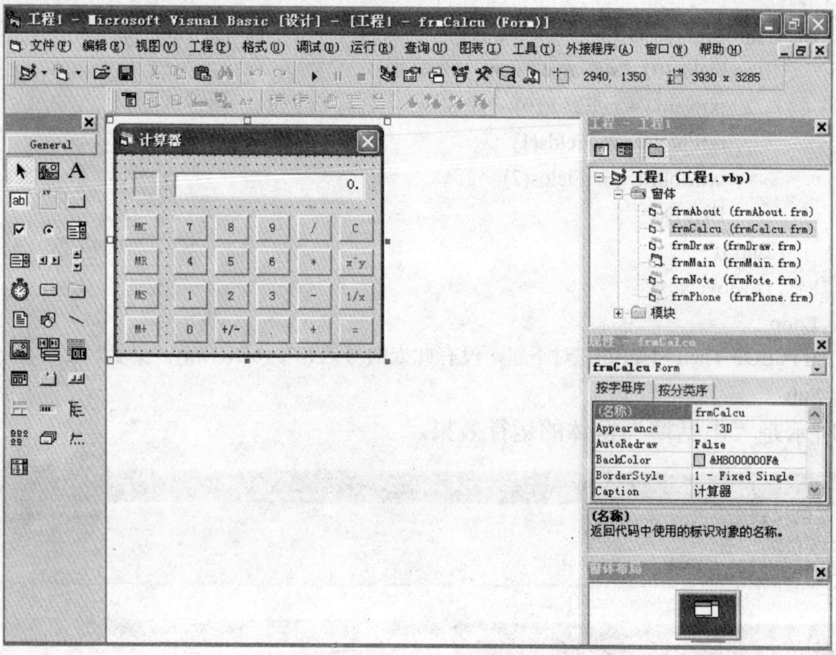

图 8 “计算器”窗体的设计效果

表 6 “计算器”窗体中控件属性

默认名称（Name）	设置名称（Name）	下标范围（Index）	标题（Caption）
Check1	chkNum	0~9	0 1 2 3 4 5 6 7 8 9
Check2	chkOper	0~4	+ - * / x^y
Check3	chkMem	0~3	MC MR MS M+
Check4	chkClear	空白	C
Check5	chkRecip	空白	1/x
Check6	chkEqual	空白	=
Check7	chkSign	空白	+/-
Check8	chkPoint	空白	.
Label1	lblMem	空白	空白

本窗体的代码如下。

```
Dim strIntF As String              ' 接收输入的整数部分
Dim strDecF As String              ' 接收输入的小数部分
Dim strOper As String              ' 保存运算符（+、-、/、*、x^y）
Dim intSign As Integer             ' 保存正负号
Dim dblNum1 As Double              ' 保存操作数 1
Dim dblNum2 As Double              ' 保存操作数 2
Dim dblRes As Double               ' 保存计算结果
Dim dblMem As Double               ' 暂存数据（M+、MS、MR、MC）
Dim blnFirst As Boolean            ' 判断是否为操作数 1 的输入
```

```
Dim blnPoint As Boolean                         ' 判断输入整数部分还是小数部分
Dim blnResult As Boolean                        ' 判断是否已进行运算
Dim blnMem As Boolean                           ' 暂存标志（M+、MS、MR、MC）
Private Sub Form_Load()
    intSign = 1                                 ' 初始化为正数
    blnFirst = True                             ' 初始化为操作数 1 的输入
    blnPoint = False                            ' 初始化为整数部分的输入
    blnResult = False                           ' 初始化为未进行运算
    blnMem = False                              ' 初始化为无暂存内容
    strIntF = ""                                ' 初始化整数部分为空
    strDecF = ""                                ' 初始化小数部分为空
End Sub
' 按下数字键（0-9）
Private Sub chkNum_MouseDown(Index As Integer, Button As Integer, Shift As Integer, X As Single, y
As Single)
    If blnPoint = False Then                    ' 输入的是整数部分
        strIntF = strIntF & chkNum(Index).Caption
    Else                                        ' 输入的是小数部分
        strDecF = strDecF & chkNum(Index).Caption
    End If
    txtDisp.Text = strIntF & "." & strDecF
    If intSign = -1 Then
        txtDisp.Text = "-1" & txtDisp.Text
    End If
    If blnFirst = True Then                     ' 输入的是第一个操作数
        dblNum1 = Val(txtDisp.Text)
    Else
        dblNum2 = Val(txtDisp.Text)             ' 输入的是第二个操作数
    End If
    blnResult = False
End Sub
' 弹起数字键（0~9）
Private Sub chkNum_MouseUp(Index As Integer, Button As Integer, Shift As Integer, X As Single, y As
Single)
    chkNum(Index).Value = False                 ' 设置复选框为未选中状态
End Sub
' 按下运算符键（+、-、*、/、x^y）
Private Sub chkOper_MouseDown(Index As Integer, Button As Integer, Shift As Integer, X As Single, y
As Single)
    If blnFirst = False Then Exit Sub           ' 为简化程序，不允许连续 2 次按下运算符
    Select Case Index
        Case 0                                  ' 按下加号键，以下类似
            strOper = "+"
        Case 1
```

```
                strOper = "-"
            Case 2
                strOper = "*"
            Case 3
                strOper = "/"
            Case 4
                strOper = "x^y"
        End Select
        blnFirst = False          ' 准备输入操作数 2
        blnPoint = False          ' 重新设置为整数部分的输入
        strIntF = ""              ' 整数部分为空
        strDecF = ""              ' 小数部分也为空
    End Sub
    ' 弹起运算符键
    Private Sub chkOper_MouseUp(Index As Integer, Button As Integer, Shift As Integer, X As Single, y As
    Single)
        chkOper(Index).Value = False
    End Sub
    ' 按下等号键（=）
    Private Sub chkEqual_MouseDown(Button As Integer, Shift As Integer, X As Single, y As Single)
        If strOper = "+" Then                  ' 进行运算，以下类似
            dblRes = dblNum1 + dblNum2
        ElseIf strOper = "-" Then
            dblRes = dblNum1 - dblNum2
        ElseIf strOper = "*" Then
            dblRes = dblNum1 * dblNum2
        ElseIf strOper = "/" Then
            If dblNum2 = 0 Then
                txtDisp.Text = "除数为零"
                dblRes = 0
            Else
                dblRes = dblNum1 / dblNum2
            End If
        ElseIf strOper = "x^y" Then
            dblRes = dblNum1 ^ dblNum2
        Else
            Exit Sub
        End If
        txtDisp.Text = Format(dblRes, "0.######")     ' 小数最多 6 位
        dblNum1 = dblRes                              ' 结果作为下次运算的操作数 1
        strIntF = ""
        strDecF = ""
        strOper = ""
        blnFirst = True
```

```
        blnResult = True
        intSign = 1
End Sub
' 弹起等号键
Private Sub chkEqual_MouseUp(Button As Integer, Shift As Integer, X As Single, y As Single)
        chkEqual.Value = False
End Sub
' 按下求倒数键（1/x）
Private Sub chkRecip_MouseDown(Button As Integer, Shift As Integer, X As Single, y As Single)
        If blnFirst = False Then Exit Sub        ' 为简化程序，不允许对操作数 2 求倒数

        If dblNum1 = 0 Then
            txtDisp.Text = "除数为零"
        Else
            dblRes = 1 / dblNum1
            txtDisp.Text = Format(dblRes, "0.######")
            dblNum1 = dblRes
            strIntF = ""
            strDecF = ""
            blnResult = True
        End If
End Sub
' 弹起求倒数键
Private Sub chkRecip_MouseUp(Button As Integer, Shift As Integer, X As Single, y As Single)
        chkRecip.Value = False
End Sub
' 按下小数点键(.)
Private Sub chkPoint_MouseDown(Button As Integer, Shift As Integer, X As Single, y As Single)
        blnPoint = True                          ' 按下小数点键，准备输入小数
        If blnResult = True Then
            strIntF = ""
            blnResult = False
        End If
        If strIntF = "" Then strIntF = "0"       ' 若之前无整数输入，设置整数部分为 0
End Sub
' 弹起小数点键
Private Sub chkPoint_MouseUp(Button As Integer, Shift As Integer, X As Single, y As Single)
        chkPoint.Value = False
End Sub
' 按下正负号键（+/-）
Private Sub chkSign_MouseDown(Button As Integer, Shift As Integer, X As Single, y As Single)
        If blnFirst = True Then
            dblNum1 = -1 * dblNum1
            txtDisp.Text = Format(dblNum1, "0.######")
```

```
        Else
            dblNum2 = -1 * dblNum2
            txtDisp.Text = Format(dblNum2, "0.######")
        End If
End Sub
' 弹起正负号键
Private Sub chkSign_MouseUp(Button As Integer, Shift As Integer, X As Single, y As Single)
        chkSign.Value = False
End Sub
' 按下暂存键（MC、MR、MS、M+）
Private Sub chkMem_MouseDown(Index As Integer, Button As Integer, Shift As Integer, X As Single, y
As Single)
        Select Case Index
            Case 0                                          ' 按下 MC 键，取消暂存
                If blnMem = True Then
                    blnMem = False
                    lblMem.Caption = ""
                End If
            Case 1                                          '按下 MR 键，取出暂存数据
                If blnMem = True Then
                    txtDisp.Text = dblMem
                End If
                If blnFirst = True Then
                    dblNum1 = dblMem
                Else
                    dblNum2 = dblMem
                End If
            Case 2                                          ' 按下 MS 键，暂存数据
                dblMem = Val(txtDisp.Text)
                blnMem = True
                lblMem = "M"
                strIntF = ""
                strDecF = ""
            Case 3                                          ' 按下 M+键，暂存数据加上输入的数据
                If blnMem = True Then
                    dblMem = dblMem + Val(txtDisp.Text)
                lblMem = "M"
                strIntF = ""
                strDecF = ""
                End If
        End Select
```

```
End Sub
' 弹起暂存键
Private Sub chkMem_MouseUp(Index As Integer, Button As Integer, Shift As Integer, X As Single, y As
Single)
    chkMem(Index).Value = 0
End Sub
' 按下清零键（C）
Private Sub chkClear_MouseDown(Button As Integer, Shift As Integer, X As Single, y As Single)
    txtDisp.Text = "0."
    strIntF = ""
    strDecF = ""
    dblNum1 = 0
    dblNum2 = 0
    blnFirst = True
    blnPoint = False
    intSign = 1
End Sub
' 弹起 MC 清零键
Private Sub chkClear_MouseUp(Button As Integer, Shift As Integer, X As Single, y As Single)
    chkClear.Value = False
End Sub
```

如图 9 所示是“计算器”窗体的运行效果。

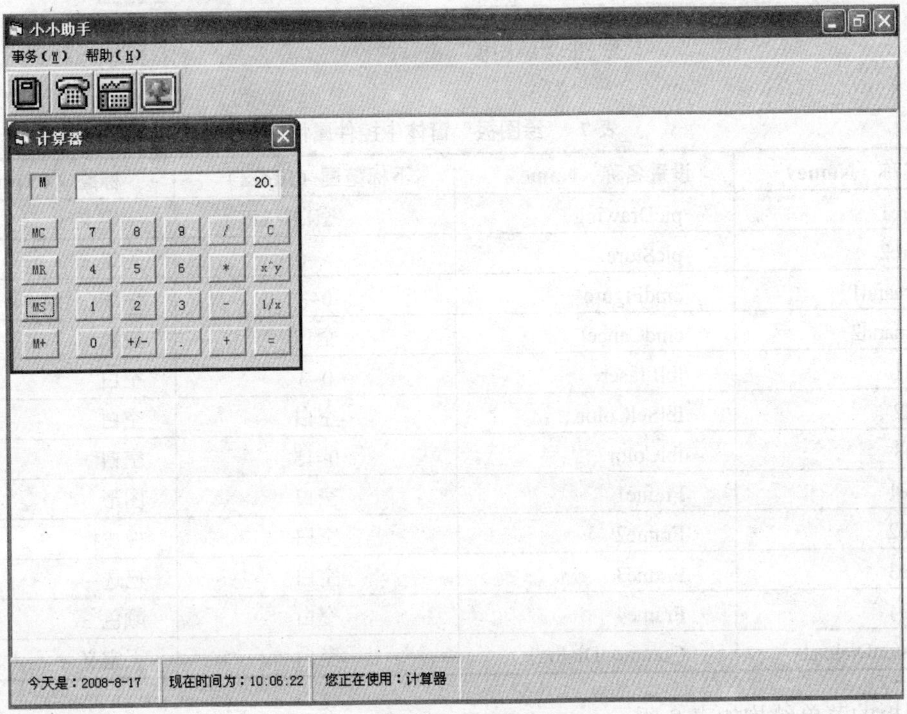

图 9 “计算器”窗体的运行效果

（5）绘图板设计

绘图板功能由 frmDraw 窗体完成，设计效果如图 10 所示，用到的控件主要有：菜单、图形框、对话框、命令按钮、标签和框架。控件的属性设置如表 7 所示。

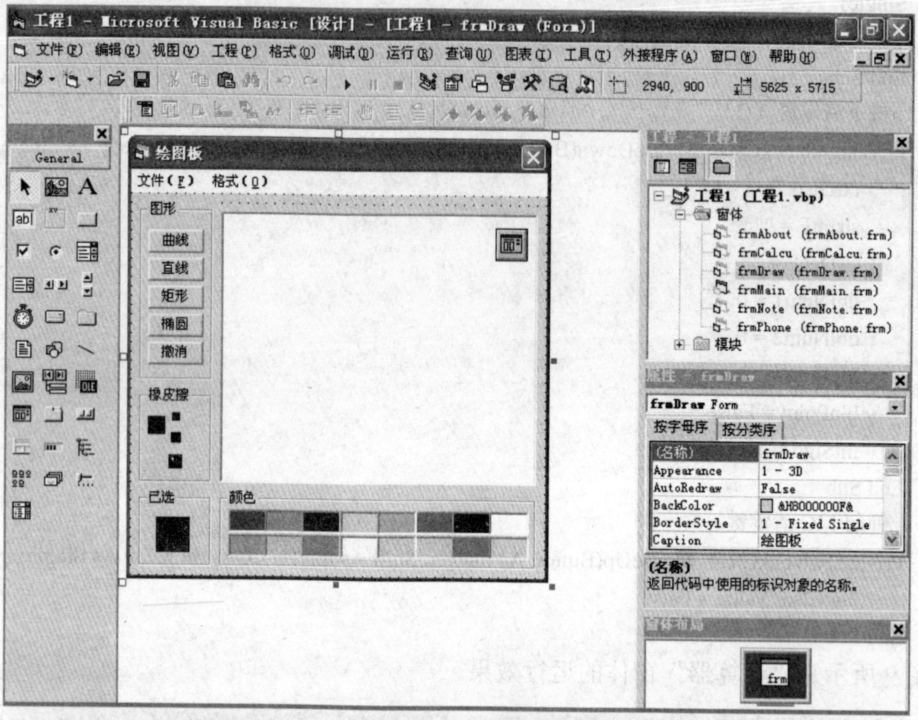

图 10 “绘图板”窗体的设计效果

表 7 “绘图板”窗体中控件属性

默认名称（Name）	设置名称（Name）	下标范围（Index）	标题（Caption）
Picture1	picDrawing	空白	无定义
Picture2	picStore	>=0	无定义
Command1	cmdFigure	0~3	曲线 直线 矩形 椭圆
Command2	cmdCancel	空白	撤销
Label1	lblEraser	0~3	空白
Label2	lblSelColor	空白	空白
Label3	lblColor	0~15	空白
Frame1	Frame1	空白	图形
Frame2	Frame2	空白	橡皮擦
Frame3	Frame3	空白	已选
Frame4	Frame4	空白	颜色
CommonDialog1	CommonDialog1	空白	无定义

绘图板的菜单结构如表 8 所示。

表8 绘图板的菜单

标题（Caption）	名称（Name）	快捷键（ShortCut）
文件（&F）	mFile	
…新建	sNew	Ctrl+N
…打开	sOpen	Ctrl+O
…保存	sSave	
…-	sSepa	
…关闭	sClose	
格式（&O）	mHelp	
…图形	sPicture	
……曲线	ssPicture(0)	
……直线	ssPicture(1)	
……矩形	ssPicture(2)	
……椭圆	ssPicture(3)	
…线型	sStyle	
……实线	ssStyle(0)	
……虚线	ssStyle (1)	
…线宽	sWidth	
……1X	ssWidth(0)	
……2X	ssWidth(1)	
……3X	ssWidth(2)	
…颜色	sColor	
……前景色	ssColor(0)	
……背景色	ssColor(1)	

本模块的设计思路是：可以绘制曲线、直线、矩形和椭圆等简单图形，其颜色、线条样式和线条粗细可选。在绘制过程中可以撤销操作，最后可保存为 BMP 或 JPG 格式文件。这里用一个图形框（picDrawing）显示绘制内容，而用一个图形框控件数组（picStore）保存撤销用的内容。

本窗体的代码如下。

```
Dim strFigure As String                          ' 图形类型，包括橡皮擦
Dim blnStart As Boolean                          ' 按下鼠标，准备绘图或擦除
Dim intStartX As Integer, intStartY As Integer   ' 绘图的起点坐标
Dim intEndX As Integer, intEndY As Integer       ' 绘图的终点坐标
Dim intEraWidth   As Integer                     ' 橡皮擦的宽度
Dim intCancel As Integer                         ' 能撤销的次数
' 初始化
Private Sub Form_Load()
    strFigure = ""
    blnStart = False
    intCancel = 0
End Sub
' 选择图形：曲线|直线|矩形|椭圆
```

```
Private Sub cmdFigure_Click(Index As Integer)
    Dim i As Integer
    strFigure = cmdFigure(Index).Caption
    picDrawing.MousePointer = vbCrosshair          ' 设置绘图区的光标为细十字形状
    For i = 0 To 2                                  ' 所有橡皮擦图标为黑色，无外框
        lblEraser(i).BackColor = vbBlack
    Next i
    lblEraser(3).Visible = False
End Sub
' 通过右下方的颜色区选择绘图板的前景色
Private Sub lblColor_Click(Index As Integer)
    lblSelColor.BackColor = lblColor(Index).BackColor  ' 所选的颜色在“已选”区显示
    picDrawing.ForeColor = lblSelColor.BackColor       ' 用已选颜色设置绘图区的前景色
End Sub
' 在绘图区按下鼠标，准备绘图或擦除
Private Sub picDrawing_MouseDown(Button As Integer, Shift As Integer, X As Single, Y As Single)
    blnStart = True
    If strFigure = "曲线" Or strFigure = "橡皮擦" Then
        picDrawing.DrawMode = 13  ' 设置绘图模式为复制模式（VbCopyPen）
    Else
        picDrawing.DrawMode = 10  ' 设置绘图模式为非异或（VbNotXorPen）模式
    End If
    If strFigure = "橡皮擦" Then   ' 如果选择的是橡皮擦，则在光标处画一个填充矩形
        picDrawing.Line (X - intEraWidth \ 2, Y - intEraWidth \ 2)-(X + intEraWidth \ 2, Y + intEra_
    Width \ 2), , BF
    Else                           ' 否则记下绘图的起点坐标
        intStartX = X
        intStartY = Y
        intEndX = X
        intEndY = Y
    End If
    intCancel = intCancel + 1          ' 可撤销次数加 1
    If intCancel = 1 Then cmdCancel.Enabled = True
    Load picStore(intCancel)           ' 加载暂存用图形框
    picStore(intCancel).Picture = picDrawing.Image  ' 暂存绘图区内容
    picStore(intCancel).AutoRedraw = True
End Sub
' 在绘图区移动鼠标，绘图或擦除
Private Sub picDrawing_MouseMove(Button As Integer, Shift As Integer, X As Single, y As Single)
    If blnStart = False Then Exit Sub  ' 如果没有同时按下鼠标，则退出过程（不绘画）
    Select Case strFigure
        Case "曲线"             ' 画曲线
            picDrawing.Line (intStartX, intStartY)-(X, y)
            intStartX = X
            intStartY = y
```

```
        Case "直线"      ' 先在原位置画直线，再在新位置画直线
            picDrawing.Line (intStartX, intStartY)-(intEndX, intEndY)
            picDrawing.Line (intStartX, intStartY)-(X, y)
            intEndX = X
            intEndY = y
        Case "矩形"            '先在原位置画矩形，再在新位置画矩形
            picDrawing.Line (intStartX, intStartY)-(intEndX, intEndY), , B
            picDrawing.Line (intStartX, intStartY)-(X, y), , B
            intEndX = X
            intEndY = y
        Case "椭圆"            '先在原位置画椭圆，再在新位置画椭圆
            picDrawing.Circle (intStartX, intStartY), Sqr((intEndX - intStartX) ^ 2 + (intEndY - intStart
            Y) ^ 2), , , , intEndY / intEndX
            picDrawing.Circle (intStartX, intStartY), Sqr((X - intStartX) ^ 2 + (y - intStartY) ^ 2), , , , y
            / X
            intEndX = X
            intEndY = y
        Case "橡皮擦"          ' 以光标位置为中心画一个填充矩形，当做橡皮擦
            picDrawing.Line (X - intEraWidth \ 2, y - intEraWidth \ 2)-(X + intEraWidth \ 2, y + intEra
            Width \ 2), , BF
    End Select
End Sub
' 在绘图区松开鼠标，结束绘图或擦除
Private Sub picDrawing_MouseUp(Button As Integer, Shift As Integer, X As Single, y As Single)
    picDrawing.DrawMode = 13    ' 设置绘图模式为复制模式（VbCopyPen）
    If strFigure = "直线" Then      ' 再画一次直线
        picDrawing.Line (intStartX, intStartY)-(X, y)
    ElseIf strFigure = "矩形" Then   ' 再画一次矩形
        picDrawing.Line (intStartX, intStartY)-(X, y), , B
    ElseIf strFigure = "椭圆" Then   ' 再画一次椭圆
        picDrawing.Circle (intStartX, intStartY), Sqr((X - intStartX) ^ 2 + (y - intStartY) ^ 2), , , , y / X
    End If
    blnStart = False
    picDrawing.MousePointer = vbDefault   ' 鼠标光标恢复为默认形状
End Sub
' 撤销一次
Private Sub cmdCancel_Click()
    picDrawing.Picture = picStore(intCancel).Image   ' 恢复前一次的图形内容
    Unload picStore(intCancel)                       ' 卸载暂存用图形框
    intCancel = intCancel - 1                        ' 撤销次数减 1
    If intCancel = 0 Then cmdCancel.Enabled = False
End Sub
' 选择橡皮擦
Private Sub lblEraser_Click(Index As Integer)
    ' 当选择一个橡皮擦时，使之反显，并加一个蓝色的外框
```

```
    lblEraser(3).Left = lblEraser(Index).Left + lblEraser(Index).Width \ 2 - lblEraser(3).Width \ 2
    lblEraser(3).Top = lblEraser(Index).Top + lblEraser(Index).Height \ 2 - lblEraser(3).Height \ 2
    lblEraser(3).Visible = True
    lblEraser(Index).BackColor = vbWhite
    strFigure = "橡皮擦"
    ' 设置绘图区的光标形状为自定义的图形
    picDrawing.MousePointer = vbCustom
    picDrawing.MouseIcon = LoadPicture(App.Path & "\Eraser" & Index & ".ico")
    intEraWidth = 100 + Index * 40
End Sub
' 单击“文件”→“新建”菜单命令
Private Sub sNew_Click()
    picDrawing.Picture = LoadPicture("")
    Do While intCancel > 0                     ' 全部卸载暂存用图像框
        Unload picStore(intCancel)
        intCancel = intCancel - 1
    Loop
    cmdCancel.Enabled = False
End Sub
' 单击“文件”→“打开”菜单命令
Private Sub sOpen_Click()
    CommonDialog1.ShowOpen
    picDrawing.Picture = LoadPicture(CommonDialog1.FileName)
End Sub
' 单击“文件”→“保存”菜单命令
Private Sub sSave_Click()
    CommonDialog1.InitDir = App.Path
    CommonDialog1.Filter = "Bmp(*.bmp)|*.bmp|Jpeg(*.jpg)|*.jpg"
    CommonDialog1.Action = 2
    SavePicture picDrawing.Image, CommonDialog1.FileName   ' 保存图形
    Do While intCancel > 0                                ' 全部卸载暂存用图像框
        Unload picStore(intCancel)
        intCancel = intCancel - 1
    Loop
    cmdCancel.Enabled = False
End Sub
' 单击“文件”→“关闭”菜单命令
Private Sub sClose_Click()
    Me.Hide
End Sub
' 单击“格式”→“图形”菜单中的命令：曲线、直线、矩形和椭圆
Private Sub ssPicture_Click(Index As Integer)
    Dim i As Integer
    strFigure = ssPicture(Index).Caption          ' 设置图形类型
    picDrawing.MousePointer = vbCrosshair
```

```
    For i = 0 To 2                              ' 恢复橡皮擦的外观（黑色，无外框）
        lblEraser(i).BackColor = vbBlack
    Next i
    lblEraser(3).Visible = False
End Sub
' 单击“格式”→“线型”菜单中的命令：实线和虚线
Private Sub ssStyle_Click(Index As Integer)
    picDrawing.DrawStyle = Index
End Sub
' 单击“格式”→“线宽”菜单中的命令：1X、2X 和 3X
Private Sub ssWidth_Click(Index As Integer)
    picDrawing.DrawWidth = Index + 1
End Sub
' 单击“格式”→“颜色”菜单中的命令：前景色和背景色
Private Sub ssColor_Click(Index As Integer)
    CommonDialog1.Action = 3
    If Index = 0 Then
        picDrawing.ForeColor = CommonDialog1.Color   ' 设置绘图区前景色
        lblSelColor.BackColor = CommonDialog1.Color
    Else
        picDrawing.BackColor = CommonDialog1.Color   ' 设置绘图区背景色
    End If
End Sub
```

如图 11 所示是“绘图板”窗体的运行效果。

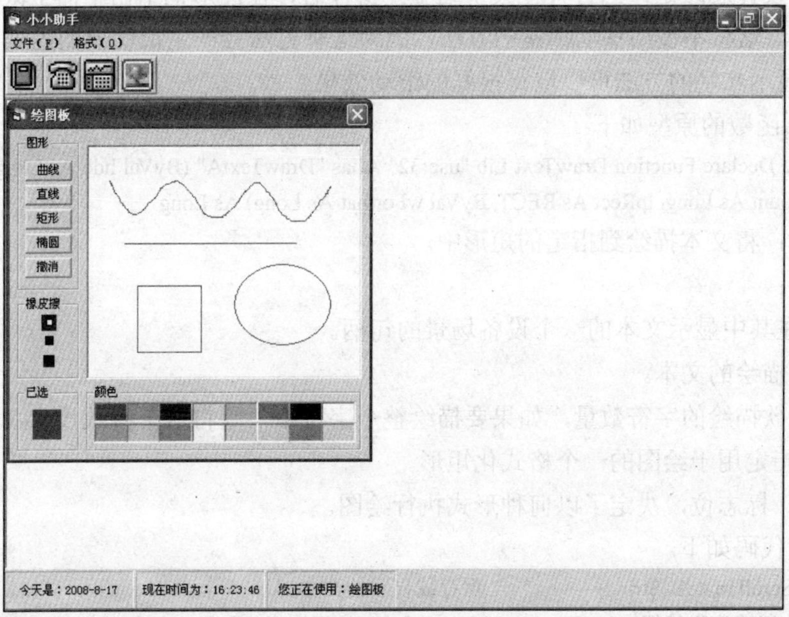

图 11 “绘图板”窗体的运行效果

（6）帮助功能设计

为简单起见，帮助功能只提供了一个“关于助手”的简介，由 frmAbout 窗体实现，设计效果如图 12 所示，用到的控件主要有图形框（picScroll）和命令按钮（cmdOk）。

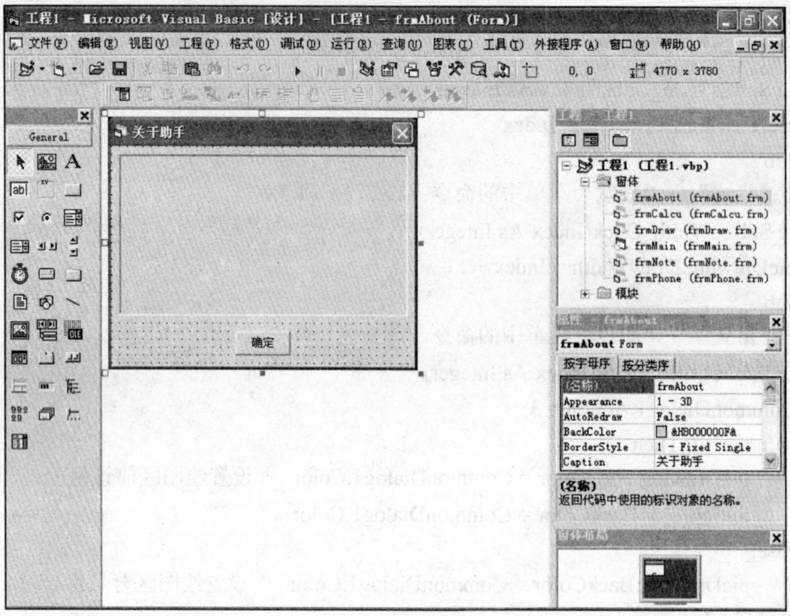

图 12 “关于助手”窗体的设计效果

本模块的设计思路是：当打开“关于助手”窗体时，在图形框中由下而上滚动显示“关于助手”的简介。这里不使用移动标签的方法，因为这种方法会产生很明显的闪烁。采用 API 函数 DrawText 显示文字的方法可以取得很好的滚动效果。

DrawText 函数的原型如下：

```
Public Declare Function DrawText Lib "user32" Alias "DrawTextA" (ByVal hdc As Long, ByVal lpStr As String, ByVal nCount As Long, lpRect As RECT, ByVal wFormat As Long) As Long
```

功能描述：将文本描绘到指定的矩形中。

参数说明：

hdc：欲在其中显示文本的一个设备场景的句柄。

lpStr：欲描绘的文本。

nCount：欲描绘的字符数量，如果要描绘整个字符串，则将这个参数设为-1。

lpRect：指定用于绘图的一个格式化矩形。

wFormat：标志位，决定了以何种形式执行绘图。

本窗体的代码如下。

```
Dim ScrollText As String            ' 保存欲显示的文本
' 单击“确定”按钮
Private Sub cmdOk_Click()
    Me.Hide
```

```
End Sub
' 窗体激活后滚动显示助手简介
Private Sub Form_Activate()
    Dim rt As RECT          ' 矩形的定义
    rt.Left = 20
    rt.Top = picScroll.ScaleHeight
    rt.Right = picScroll.ScaleWidth
    rt.Bottom = rt.Top + 120
    Do While rt.Top > 10        ' 循环控制由下而上滚动显示
        picScroll.Cls
        DrawText picScroll.hdc, ScrollText, -1, rt, DT_WORDBREAK
        rt.Top = rt.Top - 2
        rt.Bottom = rt.Bottom - 2
        picScroll.Refresh
        Sleep (10)          ' 每次显示停留 10 ms
    Loop
End Sub
' 窗体加载时从文件中读出所要显示的文本
Private Sub Form_Load()
    Dim TempText As String
    Open App.Path & "\about.txt" For Input As #1
    Do While Not EOF(1)
        Line Input #1, TempText
        ScrollText = ScrollText & TempText & vbCrLf
    Loop
    Close #1
End Sub
```

在标准模块最前面添加以下代码。

```
' DrawText 函数和 Sleep 函数的声明
Public Declare Function DrawText Lib "user32" Alias "DrawTextA" (ByVal hdc As Long, ByVal lpStr As String, ByVal nCount As Long, lpRect As RECT, ByVal wFormat As Long) As Long
Public Declare Sub Sleep Lib "kernel32" (ByVal dwMilliseconds As Long)
' 常量的定义
Public Const DT_WORDBREAK As Long = &H10      ' 定义显示文本自动换行
' 矩形类型的定义
Public Type RECT
    Left As Long
    Top As Long
    Right As Long
    Bottom As Long
End Type
```

如图 13 所示是“关于助手”窗体的运行效果。

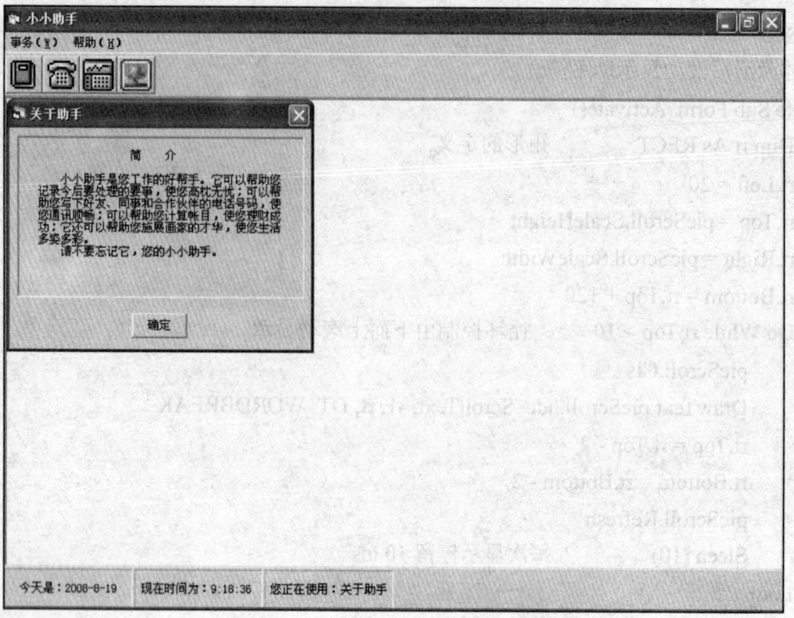

图 13 “关于助手”窗体的运行效果

4. 结束语

本课程设计以“小小助手”系统为题进行工作，通过分析和设计，最终应用 Visual Basic 6.0 实现了记事本、计算器、电话簿、绘图板和帮助功能，系统运行效果良好。本课程设计是学习 VB 课程后进行的实践活动，达到了学以致用的效果。通过本课程设计，本人深刻体会到实践的重要性。通过本次课程设计，本人意识到自己存在分析问题不到位、动手能力不强、眼高手低等不足，在今后的学习和工作中要加以改进。

第三篇

训 练 篇

Visual Basic 训练题一

（满分 100 分）

一、选择题（每小题 1 分，共 30 分）

1. 下列可以构成语句的一项是（　　）。

   A）对象名.属性　　B）对象名.方法名

   C）对象名.事件名　　D）对象名.函数名

2. 下列不是 VB 特点的选项是（　　）。

   A）可视化编程　　B）算法设计

   C）事件驱动　　D）面向对象

3. VB 中通过（　　）属性来设置字体颜色。

   A）ForeColor　B）ClipControl　C）BackColor　D）ShowColor

4. 任何控件都有的属性是（　　）。

   A）BackColor　B）Caption　C）Name　D）BorderStyle

5. 下列符号常量的声明中，不合法的是（　　）。

   A）Const a As Single=1　　B）Const a As String="Hi"

   C）Const a As Double=Sqr（4）　　D）Const a As Integer="12"

6. 下列不属于同类的是（　　）。

   A）Click　B）Name　C）Caption　D）Top

7. 对象可以识别和响应的某些行为称为（　　）。

   A）属性　B）方法　C）函数　D）事件

8. 用标准工具栏中的工具按钮不能执行的操作是（　　）。

   A）添加工程　B）打印程序　C）运行程序　D）打开程序

9. 下列叙述不正确的是（　　）。

   A）注释语句是非执行语句，不被解释和编译

   B）注释语句可以放在代码中任何位置

   C）注释语句只能放在代码中的特定位置

   D）加入注释语句的目的在于提高程序的可读性

10. 下列不是 VB 文件的是（　　）。

A）*.frm　　B）*.bas　　C）*.cls　　D）*.txt

11. 如果 blnFlag 是一个布尔型变量，下面正确的赋值语句是（　　）。

A）blnFlag="True"　　B）blnFlag=True　　C）blnFlag=#True#　　D）blnFlag=1<>2

12. Print 方法不可以在（　　）对象上输出数据。

A）窗体　　B）图形框　　C）桌面　　D）打印机

13. 下面（　　）程序段可以实现 X、Y 变量值的交换。

A）Y=X：X=Y　　B）Z=X：Y=Z：X=Y

C）Z=X：X=Y：Y=Z　　D）Z=X：W=Y：Z=W

14. 要强制显示声明变量，可在窗体或模块的通用段加入语句（　　）。

A）Option Base 0　　B）Option Base 1　　C）Option Explicit　　D）Option Compare

15. 下面不能在工程资源管理器窗口列出的文件类型是（　　）。

A）*.bas　　B）*.res　　C）*.frm　　D）.ocx

16. 设置标签边框的属性是（　　）。

A）BorderStyle　　B）BackStyle　　C）AutoSize　　D）Alignment

17. 要使标签的背景透明，应把其 BackStyle 属性值设置为（　　）。

A）0　　B）1　　C）True　　D）False

18. 决定一个窗体有无控制菜单的属性是（　　）。

A）MinButton　　B）Caption　　C）MaxButton　　D）ControlBox

19. 为了把焦点移到某个指定的控件，所使用的方法是（　　）。

A）SetFocus　　B）Visible　　C）Refresh　　D）GetFocus

20. 决定一个控件在窗体上的位置的属性是（　　）。

A）Width 和 Height　　B）ScaleWidth 和 ScaleHeight

C）Left 和 Top　　D）X 和 Y

21. 下列程序段的执行结果为（　　）。

```
a=3: b=1
For i=1 To 3
    x=a + b
    a=b
    b=x
    Print x
Next i
```

A）4 3 6　　B）4 5 9　　C）6 3 4　　D）7 2 8

22. 以下循环体执行的次数是（　　）。

```
i=0:j=1
Do While i<=j+1
    Print i
    i=i+2:j=j-1
Loop
```

A）3　　B）2　　C）1　　D）0

23. 关于 Array()函数的使用说明，正确的是（　　）。

A）用 Array()函数可以初始化任何数据类型的数组变量

B）用 Array()函数可以给任何维数的数组赋初值

C）用 Array()函数给数组赋值时，被赋值的数组变量可以预先定义

D）设有数组定义：Dim a(5),用 Array 函数给数组元素赋 1 到 6 初值的语句是

a()=Array(1,2,3,4,5,6)

24. 下述程序的运行结果是（　　）。

```
j=0
While j<30
    j=(j+1)*(j+2):  k=k+1
Wend
Print k;j
```

A）0　1　　B）3　182　　C）30　30　　D）4　30

25. 下列程序的执行结果是（　　）。

```
s=0:i=1
Do While i<=100
    s=s+i
Loop
Print s
```

A）5050　　B）505　　C）死循环，无输出　　D）无穷大的数

26. 使用过程是为了（　　）。

A）使程序模块化　B）使程序易于阅读　C）提高程序运行速度　D)便于系统的编译

27. VB 中包含的 3 种不同模块是（　　）。

A）事件模块、窗体模块和标准模块　　B）窗体模块、标准模块和类模块

C）函数模块、窗体模块和类模块　　D）过程模块、通用模块和函数模块

28. 下面过程定义语句中合法的是（　　）。

A）Sub Proc(ByVal n())　　B）Sub Proc(n) As Integer

C）Function Proc(Proc)　　D）Function Proc(ByVal n)

29. 以下叙述中错误的是（　　）。

A）如果过程被定义为 Static 类型，则该过程中的局部变量都是 Static 类型

B）Sub 过程中不能嵌套定义 Sub 过程

C）Sub 过程可以嵌套调用 Sub 过程

D）事件过程不可以像通用过程一样由用户定义过程名

30. Sub 过程与 Function 过程最根本的区别是（　　）。

A）Sub 过程可以使用 Call 语句或直接使用过程名调用，而 Function 过程不可以

B）Function 过程可以有参数，Sub 过程不可以

C）两种过程参数的传递方式不同

D）Sub 过程的过程名不能返回值，而 Function 过程能通过过程名返回值

二、填空题（每空 2 分，共 30 分）

1．Visual Basic 的窗体和控件是具有自己的________、________和方法的对象。

2．在面向对象程序设计中，对象是一个由________和________组成的概念。

3．Show 方法的作用是________，Hide 方法的作用是________。

4．在默认情况，Visual Basic 中所有窗体或控件的大小都是以________为单位的。

5．窗体、图形框或图像框中显示的图形可以通过其________属性设置。

6．表达式 5 Mod 2 * 2 ^ 3 / 4 \ 2 的值为________。

7．若 A=2，B=3，C=4，D=5，则表达式 A+B>6 Or (B*C>10 And Not d>6)的值是________。

8．表达式对应的 VB 表达式为________________________________。

9．要在 Form_Load 事件过程中使用 Print 方法在窗体上输出一定的内容，应设置窗体的________属性。

10．下列程序弹出对话框中按钮的个数为________。

```
MsgBox "确认!",vbAbortRetryignore+vbMsgBoxHelpButton+vbInformation,"提示："
```

11．下列程序判断一个整数(>=3) 是否为素数，请补充完整。

```
Dim n As Integer
n=InputBox("请输入一个整数(>=3) ")
k=Int(Sqr(n) )
i=2
swit=0
While i <=k And swit=0
        If n Mod i=0 Then
        ________
        Else
        ________
        End If
Wend
If swit=0 Then
        Print n; "是一个素数。"
Else
        Print n; "不是一个素数。"
End If
```

三、编写程序（共 40 分）

1．编写一个程序，用冒泡法将数组 a 中的 10 个整数按升序排列（10 分）。

2．编写一个程序，生成 100～200 之间的随机数 20 个，输出其中能被 5 整除的数并求出它们的和（10 分）。

3．编写一个程序，界面由一个图形框和一个时钟控件组成，运行时，一个红色小球在图形框的居中位置做水平往返运动（20 分）。

参考答案

一、选择题

1. B　2. B　3. A　4. C　5. C　6. A　7. D　8. B　9. B　10. D

11. D　12. C　13. C　14. C　15. D　16. A　17. C　18. D　19. A　20. C
21. B　22. C　23. C　24. B　25. C　26. A　27. B　28. D　29. D　30. D

二、填空题

1. 属性　事件
2. 代码　数据
3. 显示窗体　隐藏窗体
4. twip（缇）
5. Picture
6. 5
7. True
8. x1-Abs(a)+Log(10)+sin(x2+2*3.14)/Cos(57*3.14/180)
9. AutoRedraw
10. 4
11. swit=1　i=i+1

三、编写程序

（略）

Visual Basic 训练题二

（满分 100 分）

一、选择题（每小题 1 分，共 30 分）

1. 下列符号中是合法的变量名的是（　　）。
A）vbba23　B）abs　C）78yu　D）x\y

2. 骰子是一个正六面体，用 1～6 这 6 个数分别代表这 6 面，模拟方形骰子投掷的表达式可以表示为（　　）。
A）int(6*rnd)　B）int(1+6*rnd)　C）int(6*rnd-1)　D）int(rnd*7-1)

3. VB 6.0 中不存在的数据类型是（　　）。
A）字符串类型　B）日期类型　C）逻辑类型　D）指针类型

4. 关于语句行，下列说法正确的是（　　）。
A）一行只能写一条语句
B）一条语句可以分多行书写
C）每行的首字符必须大写
D）长度不能超过 255 个字符

5. 表达式 Right("asdf",2)+UCase("as")的值为（　　）。
A）asas　B）asAS　C）dfas　D）ASas

6. 关于自定义类型数据，下列说法不正确的是（　　）。
A）记录类型用以描述一个数据对象的各种不同性质
B）记录类型的各个域必须有相同的数据类型

C）记录类型定义也可以在窗体模块内进行

D）记录类型引用使用用<记录变量>.<域名>格式

7. 下列控件中，不能改变大小的是（　　）。

A）TextBox　　B）Label　　C）Timer　　D）PictureBox

8. 为了使在 Label 控件的 Caption 属性的文本超过控件宽度时，Label 控件能自动调整大小，需要设置的属性是（　　）。

A）AutoSize　　B）Caption　　C）BorderStyle　　D）Font

9. 下列赋值语句合法的是（　　）。

A）c=a+b　　B）a+b=c　　C）-b=a+c　　D）a=2b

10. 下列语句可实现 a 和 b 值互换的是（　　）。

A）a=b:b=a　　B）a=x: x=b:b=a　　C）x=a:a=b:b=x　　D）x=a:b=x:a=b

11. 如果想在程序运行时从键盘输入数据，应该使用的是（　　）。

A）赋值语句　　B）InputBox()函数　　C）MsgBox()函数　　D）Print 方法

12. 在 Print 方法中，为了使数据以紧凑格式输出，应在输出项之间加入的分割符是（　　）。

A）逗号　　B）分号　　C）空格　　D）顿号

13. 决定文本框显示内容的属性是（　　）。

A）Text　　B）Name　　C）Caption　　D）Color

14. 当单选按钮没被选中时，其 Value 属性的值为（　　）。

A）1　　B）2　　C）0　　D）3

15. 关于情况语句，下列说法不正确的是（　　）。

A）以 Select Case 开头，以 End Select 结束

B）表达式列表中的表达式必须与测试表达式类型一致

C）任何一种情况都必须有相应的 Case 语句

D）不必加 Case Else 语句

16. 在窗体上画一个命令按钮，名称为 Command1，然后编写如下事件过程：

```
Option Base 0
Private Sub Command1_Click()
Dim city As Variant
city = Array("北京", "上海", "天津", "重庆")
Print city(1)
End Sub
```

程序运行后，如果单击命令按钮，则在窗体上显示的内容是（　　）。

A）空白　　B）错误提示　　C）北京　　D）上海

17. 要判断在文本框的文本输入过程中是否按了 Enter 键，应在文本框的（　　）事件中判断。

A）Change　　B）Click　　C）KeyPress　　D）Click

18. 顺序文件是指（　　）。

A）文件中按每条记录的记录号从小到大排序好

B）文件中按每条记录的长度从小到大排序好

C）文件中按记录的某关键数据项从大到小排序

D）记录按进入的先后顺序存放，读出也是按写入时的先后顺序读出

19. 循环语句 For I= -3 to 20 step 4 的循环次数为（ ）。

A）4　B）5　C）6　D）7

20. 数组声明语句 Dim a（3,2 To 5）所声明的数组 a 中包含的元素有（ ）个。

A）16　B）12　C）9　D）6

21. 数学关系式 $3 \leqslant x < 10$ 表示成 VB 表达式为（ ）。

A）3<=x<10　B）3<=x And x<10　C）x>=3 Or x<10　D）3<=x And <10

22. \、/、Mod、*四个运算符中，优先级别最低的是（ ）。

A）\　B）/　C）Mod　D）*

23. 要在 C 盘上新建一个文件名为 t1.txt 的顺序文件，如下语句正确的是（ ）。

A）F="c:\t1.txt" : Open F for Append As #1

B）F="C:\t1.txt" : Open "F" For Output As #2

C）Open c:\t1.txt For Output As #2

D）Open "c:\t1.txt" For Output As #2

24. 坐标度量单位可由（ ）来改变。

A）DrawStyle 属性　B）DrawWidth 属性　C）Scale 方法　D）ScaleMode 属性

25. 以下不属于文件存取方式的是（ ）。

A）顺序方式　B）随机方式　C）ASCII 方式　D）二进制方式

26. 执行下列程序段，最终 i 的输出结果为（ ）。

```
For i=1 to 5
i=i+1
Next i
Print i
```

A）5　B）6　C）7　D）8

27. 当使用 Line 方法画直线后，当前坐标在（ ）。

A）(0,0)　B）起点　C）终点　D）容器的中心

28. Rnd( )函数的值不可能为（ ）。

A）0　B）1.5　C）0.7　D）0.98

29. 语句“Circle（1000，1000），500，，-6，-3”将绘制（ ）。

A）画圆　B）椭圆　C）画弧　D）扇形

30. 对象的边框类型由属性（ ）设置。

A）DrawStyle　B）DrawWidth　C）BorderStyle　D）ScaleMode

二、填空题（每空 1 分，共 15 分）

1. VB 的三种工作模式是：________、________和________。

2. 在 MouseDown 和 MouseUp 事件过程中，当参数 Button 的值为 1、2、4 时，分别代表鼠标的________、________、________。

3. 图形层操作中经常用到的 Zorder 方法为对象.Zorder [Position]，其中 Position 的取值

为__________、__________。

4．VB 6.0 中字符串运算符有__________、__________两种。

5．按照访问模式，文件可以分为__________、__________和__________三种类型。

6．VB 6.0 中当前坐标用__________、__________来表示。

三、程序填空题（35 分，具体分值见各小题所标示的分数）

注意：在有下划线的地方填写答案，请不要更改其他地方的程序代码。

1．（10 分）程序最终运行界面如图 1 所示。请在横线上填写合适代码，满足以下要求：

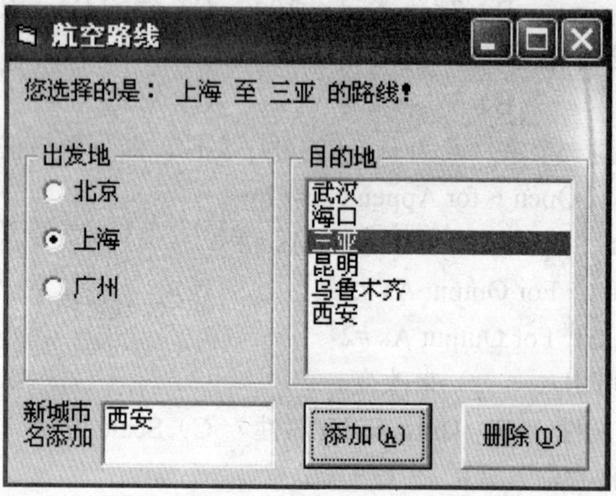

图 1

（1）在目的地中选择某一项之后，在窗体最上面的 Label1 中显示用户选择的从出发地到目的地的路线。

（2）在“新城市名添加”文本框中输入新的城市名后，用鼠标单击“添加”按钮，则将文本框中的城市名追加至“目的地”列表框中。

（3）当单击“删除”按钮后，可以删除在“目的地”列表框中所选择的项目。

```
Private Sub NewcityAdd_Click()
    __________①__________ （2 分）'将文本框中的内容添加到列表框中
End Sub
Private Sub CityDelete_Click()
    __________②__________ （2 分）
    Command2.Enabled = False
    Label1.Caption = ""
End Sub
Private Sub List1_Click()
    Dim Source As String
    If __________③__________ （2 分）Then    '如果用户选择的“目的地”项目不为空
        CityDelete.Enabled = True
        If Option1.Value = True Then
            Source = "北京"
        Else
```

```
            If Option2.Value = True Then
                Source = "上海"
            Else
                Source = "广州"
            End If
        End If
        ______④______（2 分）'显示用户选择的路线
    End If
End Sub
Private Sub Option1_Click()
    Call List1_Click
End Sub
Private Sub Option2_Click()
    Call List1_Click
End Sub
Private Sub Option3_Click()
    Call List1_Click
End Sub
Private Sub Text1_Change()
    If ____⑤____（2 分）Then    '确保单击“增加”按钮，追加的目的地城市名不为空
        CityDelete.Enabled = False
    Else
        NewcityAdd.Enabled = True
    End If
End Sub
```

2.（15 分）效果如图 2 所示：在窗体 Form1 中有两个对象：Picture1 和 Command1。本题要实现：

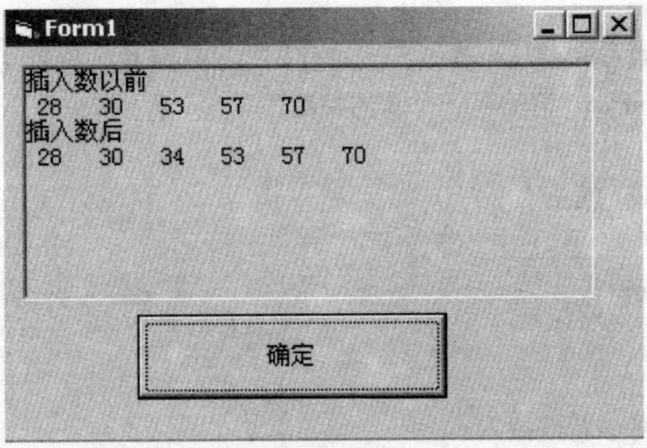

图 2

（1）产生一个包含 6 个元素的一维整数数组，并对前 5 个数组元素随机赋值，且按从小到大排序。

（2）在 Picture1 打印输出前 5 个元素。

（3）输入一个新整数（例如“34”），让新数找到恰当位置并将该数插入该位置，其后的数

组元素后移一位，实现 6 个数组元素的从小到大排列。

（4）在 Picture1 中打印输出 6 个数组元素。代码在 Command1_Click()中完成。

注意：只能在横线上补充代码，不能改动其他语句。

```
Private Sub Command1_Click()
    Dim i As Integer, j As Integer, imin As Integer, newv As Integer, loc As Integer
    '定义 6 个元素的一维整型数组并赋值
    Dim a(1 To 6) As Integer
    For i = 1 To 5
        a(i) = ____①____ （3 分）'产生一个[0，100）内的整数
    Next i
    '用选择法对前 5 个数组元素从小到大排列
    For i = 1 To 4
        imin = ____②____ （3 分）
        For j = i + 1 To 5
            If a(j) < a(imin) Then
                imin = j
            End If
        Next j
        t = a(i)
        a(i) = a(imin)
        a(imin) = t
    Next i
    '对前 5 个数组元素打印输出
    Picture1.Print "插入数以前"
    For i = 1 To 5
        Picture1.Print a(i); Spc(1);
    Next i
    Picture1.Print
    '输入一个新整数并和前 5 个数组元素进行比较，从而找到位置（从小到大）
    newv = Val(InputBox("请输入一个新的整数"))
    For i = 1 To 5
        If a(i) > newv Then
            loc = ____③____ （3 分）
            Exit For
        End If
    Next i
    '在恰当的位置将该新数插入
    For h = 6 To loc + 1 ____④____ （3 分）
        a(h) = a(h - 1)
    Next h
    a(loc) = ____⑤____ （3 分）
    '打印输出 6 个数组元素（从小到大）
    Picture1.Print "插入数后"
    For i = 1 To 6
```

```
            Picture1.Print a(i); Spc(1);
        Next i
    End Sub
```

3.（10 分）程序设计如图 3 所示，窗体 Form1 中有两个控件：Timer1 和 Picture1。本程序最终实现的效果是日常生活中钟表的秒针运行轨迹。秒针运行轨迹为：秒针表示为一个端点固定，另一端运动的线段，秒针运行时首先从 0 秒开始，每隔 1 秒钟跳动一格，经 60 秒后和初始位置重合。

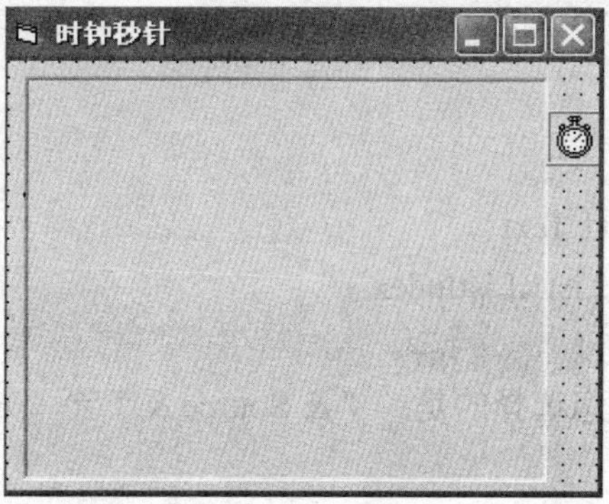

图 3

注意：只能在横线上补充代码，不能改动其他语句。

```
Option Explicit
Private Sub Form_Load()
        _______①_______ （2 分）'实现时钟 Timer1 的时间间隔为 1 秒钟
        _______②_______ （2 分）'实现坐标系的定义：Picture1 的坐标系定义为(-10, 10)-(10, -10)
    Picture1.DrawWidth = 5
    Picture1.Circle (0, 0), 7
End Sub
Private Sub Timer1_Timer()
        _______③_______ （2 分）'对变量声明
    Dim a As Single
        _______④_______ （2 分）
    Picture1.Circle (0, 0), 7
    a = i * 2 * 3.1415926 / 60
        _______⑤_______ （2 分）(6 * Sin(a), 6 * Cos(a))    ' 秒针表示
    i = i + 1
End Sub
```

四、编写程序（**20 分**）

编写一程序，实现求任意输入的一个自然数的阶乘。

参考答案

一、选择题

1.A　2.B　3.D　4.B　5.C　6.B　7.C　8.A　9.A　10.C

11.B 12.B 13.A 14.C 15.C 16.D 17.C 18.D 19.C 20.A

21.B 22.C 23.D 24.D 25.C 26.C 27.C 28.B 29.C 30.C

二、填空题

1．设计 运行 中断（或 Design Run Break）

2．左键 右键 中键

3．0 1

4．& +

5．顺序文件 随机文件 二进制文件

6．CurrentX CurrentY

三、程序填空题

1．① List1.AddItem Text1.Text

② List1.RemoveItem List1.ListIndex

③ List1.ListIndex <> -1

④ Label1.Caption = "您选择的是： " & Source & " 至 " & List1.Text & " 的路线！"

⑤ Text1.Text = ""

2．① Int(Rnd * 100)

② I

③ I

④ Step -1

⑤ newv

3．① Timer1.Interval = 1000

② Picture1.Scale (-10, 10)-(10, -10)

③ Static i As Integer

④ Picture1.Cls

⑤ Picture1.Line (0, 0)-

四、编写程序

（略）

郑 重 声 明